黄河勘测规划设计有限公司规划研究院资助

青海湖流域水资源利用与保护研究

赵麦换　武　见　付永锋　侯红雨　等著

U0268493

黄河水利出版社

· 郑州 ·

内 容 提 要

本书针对青海湖水位下降、矿化度升高、水生态恶化等问题,分析了青海湖流域水资源利用与保护的关键问题,调查和评价了青海湖流域水资源开发利用和保护现状,探讨了青海湖水位下降的主要原因,研究了青海湖水平衡关系,合理确定了流域生态保护目标和生态环境需水量,提出了青海湖流域水资源配置和利用总体方案、水资源保护和水生态保护的措施以及建设青海湖—龙羊峡抽水蓄能电站的设想。

本书可供从事水资源开发、利用、节约、保护、管理工作的科技工作者,以及从事或关心青海湖流域综合治理、开发、研究工作的人员参考。

图书在版编目(CIP)数据

青海湖流域水资源利用与保护研究/赵麦换等著 .
郑州:黄河水利出版社,2014.12
ISBN 978 - 7 - 5509 - 1006 - 5

Ⅰ.①青… Ⅱ.①赵… Ⅲ.①青海湖 – 流域 – 水资源利用 – 研究②青海湖 – 流域 – 水资源 – 资源保护 – 研究 Ⅳ.①TV213.3

中国版本图书馆 CIP 数据核字(2015)第 010938 号

出 版 社:黄河水利出版社
   地址:河南省郑州市顺河路黄委会综合楼 14 层 邮政编码:450003
发行单位:黄河水利出版社
   发行部电话:0371 – 66026940、66020550、66028024、66022620(传真)
   E-mail:hhslcbs@ 126. com
承印单位:河南省瑞光印务股份有限公司
开本:787 mm × 1 092 mm 1/16
印张:11.25   插页:7
字数:280 千字   印数:1—1 000
版次:2014 年 12 月第 1 版   印次:2014 年 12 月第 1 次印刷
定价:40. 00 元

前　言

青海湖是我国面积最大的内陆咸水湖,是维系青藏高原北部生态安全的重要水体,对抗拒西部荒漠化向东侵袭起到了天然屏障作用,是我国首批列入国际湿地名录的重要湿地之一。近年来,由于气候变化和人类活动的影响,青海湖出现湖水位下降、湖水矿化度升高、水生态恶化等问题,给流域及周边地区生态环境的良性维持带来严重威胁,并严重制约着流域及相关地区经济社会可持续发展。

根据国务院《关于支持青海等省藏区经济社会发展的若干意见》(国发〔2008〕34 号)和《全国主体功能区规划》要求,应加大青海湖保护力度,切实保护好青海湖水源地林草植被,严格限制在入湖河流新建引水工程,控制农业灌溉用水,增加入湖河流径流量。2009 年 4 月 20 日,水利部以水规计〔2009〕222 号文批复了青海湖流域水资源综合规划任务书。根据水利部的批复意见,黄河水利委员会(以下简称黄委)安排黄河勘测规划设计有限公司作为技术总负责单位负责规划编制工作,青海省水文水资源勘测局负责水资源评价、水资源保护和监测系统建设规划工作,黄河勘测规划设计有限公司与青海省水文水资源勘测局签订技术咨询合同并支付经费。

青海湖流域水资源综合规划的主要任务和工作内容是:充分利用已有规划成果,在青海湖流域水资源开发利用和保护现状调查与评价的基础上,分析流域面临的主要水资源问题和青海湖水位下降的主要原因,研究青海湖水平衡关系,合理确定流域生态保护目标和生态环境需水量,提出水资源配置和利用的总体方案,拟订各水功能区和污染物总量控制方案,提出水资源保护和水生态保护的措施,开展流域水资源监测系统建设规划,提出规划近期实施意见。

青海湖流域水资源综合规划工作从 2009 年 3 月正式启动,2009 年 6 月完成规划工作大纲和技术表格编制,并通过青海省水利厅发放到流域内各州县水利主管部门;2009 年 8 月完成现场查勘调研工作;2009 年 11 月完成基础资料整理,并对各县填报的技术表格进行校核和补充;2010 年 3 月完成《青海湖流域土地利用遥感调查报告》(初稿)和《青海湖流域水资源与开发利用调查评价》(初稿);2010 年 4 月 12～20 日,在西宁召开技术协调会,就现状调查评价及规划方案与青海省水利厅及地方水利主管部门进行协调;2010 年 9 月编制完成《青海湖流域水资源综合规划》(阶段成果),9 月 25～30 日在郑州召开协调会,就主要规划成果与青海省水利厅及地方水利主管部门进行协调;2010 年 12 月编制完成《青海湖流域水资源综合规划》(咨询稿);2011 年 3 月,黄委科技委在郑州召开会议,对规划成果进行了技术咨询,根据专家意见,项目组对报告进行补充修改;2011 年 5 月征求青海省水利厅意见;2011 年 8 月,黄委主任专题办公会研究了青海湖流域水资源综合规划成果,并提出了指导性的意见;2011 年 12 月 24～26 日,水利水电规划设计总院在北京召开青海湖流域水资源综合规划专家审查会议,根据审查意见及专家建议,经进一步修改完善,提出了《青海湖流域水资源综合规划》。

《青海湖流域水资源利用与保护研究》是依托《青海湖流域水资源综合规划》开展的关键技术研究,汇集了《青海湖流域水资源综合规划》主要研究成果。

参与《青海湖流域水资源综合规划》工作的人员包括:

黄河勘测规划设计有限公司:赵麦换、肖素君、武见、付永锋、侯红雨、崔长勇、刘争胜、张永永、董滇红等;青海省水文水资源勘测局:刘小园、刘㲄、李燕、吴庆、耿昭克、祁英芬。

全书共计28万字,其中:赵麦换编写2.2万字,武见编写2.1万字,付永锋编写5.2万字,侯红雨编写5.1万字,张永永编写3.3万字,董滇红编写3.0万字,崔长勇编写2.4万字,刘争胜编写1.0万字,马迎平绘制附图。全书由赵麦换、武见统稿。

参与本书编写的人员任务分工如下:

章　节	编写人员
前　言	赵麦换、肖素君
1　青海湖流域概况	武见、肖素君、刘小园、刘㲄、李燕、吴庆
2　青海湖流域水资源利用与保护现状调查评价	武见、张永永、董滇红、刘争胜、刘小园、刘㲄、李燕、吴庆
3　青海湖流域水资源利用与保护的指导思想和目标任务	赵麦换、武见、肖素君
4　青海湖流域水资源供需及配置	付永锋
5　青海湖流域水资源保护研究	崔长勇、耿昭克
6　青海湖流域生态保护研究	侯红雨
7　青海湖水利工程建设研究	侯红雨
8　青海湖流域水资源监测系统研究	崔长勇、祁英芬
9　青海湖流域水资源管理建设研究	张永永
10　青海湖流域水资源利用与保护的环境影响评价研究	崔长勇、董滇红
11　分期实施意见和效果评价	侯红雨
12　建设青海湖—龙羊峡抽水蓄能电站的设想	赵麦换、武见、张永永

在规划编制和本书编写过程中,得到青海省水利厅、流域内相关州县政府部门、中国水利水电科学研究院、青海湖国家级自然保护区管理局等有关单位的大力协助和无私帮助,黄河勘测规划设计有限公司张会言教授级高工、张新海教授级高工、李福生教授级高工、杨立彬教授级高工给予了悉心指导,黄河水利出版社郝鹏在本书出版过程中给予了大力支持。本书由黄河勘测规划设计有限公司规划研究院资助。在此,一并表示衷心的感谢!

作　者

2014 年 10 月

目　录

1 青海湖流域概况

1.1 自然概况

1.1.1 地理范围

青海湖流域地处青藏高原东北部,既是连接青海省东部、西部和青南地区的枢纽地带,又是通达甘肃河西走廊、西藏和新疆的主要通道。青海湖流域东至日月山脊,与西宁市所属湟源县相连;西临阿木尼尼库山,与柴达木盆地、哈拉湖盆地相接;北至大通山山脊,与大通河流域分界;南至青海南山山脊,与茶卡—共和盆地分界。地理位置介于北纬36°15′~38°20′、东经97°50′~101°20′之间,流域面积2.97万 km²。

青海湖流域范围涉及3州4县,在行政区划上分别隶属于青海省海北藏族自治州(以下简称海北州)的刚察县和海晏县,海西蒙古族藏族自治州(以下简称海西州)的天峻县,海南藏族自治州(以下简称海南州)的共和县。青海湖流域地理位置示意图见附图1。

1.1.2 地形地貌

青海湖流域四周高山环绕,是一个封闭的内陆盆地。流域内地形西北高、东南低,四周山岭大部分在海拔4 000 m以上,北部大通山西段岗格尔肖合力峰海拔5 291 m,是流域的最高点。青海湖位于流域东南部,为流域的最低点。具体见青海湖卫星图(附图2)。

流域内地貌类型复杂多样,由湖滨平原、冲积平原、低山、中山和冰原台地等组成。湖的东部和北部有一定面积的风沙堆积区,其中有沙地、流动沙丘、半固定沙丘和固定沙地;湖的西部和北部发育有河漫滩、堆积阶地及三角洲,分布有沼泽草甸、山地草甸等;在山麓与平原交替地带有冲积洪积扇,分布在湖东部和南部一些地区;在湖边及低洼地带有沼泽地分布;在布哈河上游的阳康曲和希格尔曲的源头一带分布有现代冰川。

青海湖属构造断陷湖,更新世早期和中期(距今200万~20万年)成湖,初期是一个大淡水湖泊,与黄河水系相通,为外流湖。距今13万年前,由于新构造运动,周围山地强烈隆起,湖东部的日月山、野牛山迅速上升隆起,使原来注入黄河的倒淌河被堵塞,改为由东向西流入青海湖。由于外泄通道堵塞,青海湖演变成闭塞湖,并由淡水湖逐渐变成咸水湖。

1.1.3 气候特征

湖区的年平均气温为-1.4~1.0 ℃,基本呈南高北低态势。湖南北两岸年平均气温相差约1.3 ℃,由南向北约以0.02 ℃/km递减,其温差幅度远小于周边陆地,青海湖对于温度的调节作用明显。湖区气温年变化呈一峰一谷型,7月为峰,1月为谷。春秋季节,尤其是 3 月、4 月和 11 月,气温变化幅度明显大于其他月份,秋季降温远比春季增温剧烈,具有内陆气候的特点。

湖区降水的水汽来源主要来自东南方,受副热带高压与高原热低压及高原季风的作用,暖湿气流一般是由四川经甘肃沿黄河、湟水溯流而上到达湖区,当大气环流条件适宜时便产生降水。湖区降水的时空分布除具有内陆气候特点外,还受到"湖泊气候效应"的影响,具有自身的一些特征。湖区年平均降水量为 300 ~550 mm。整个流域的降水分布情况比较复杂,如沿布哈河顺流而下,降水表现出逐步增加的趋势,河口降水比上游要多出 80 mm;沿沙柳河溯流而上,降水则反而增加。受地形影响,湖区降水梯度变化大,就湖周边而言,南或西南岸的降水大于北岸的降水。

青海湖流域地处内陆高原,全年晴多雨少,日照充分,年日照时数 2 430 ~3 330 h,年日照百分率为 56% ~76%,光能资源丰富。湖滨平原及宽阔的河滩日照时数较多,山地略少;沟谷地段和阳坡日照较长,阴坡则较短。一年中夏季的日照时数较多,冬、春次之,秋季因多阴雨日照时数最少,一年中日照百分率的变化是冬、春大于夏、秋。湖区年平均总辐射量约为 6 344 MJ/m^2,高于我国东部省份的同纬度地区,但低于柴达木盆地西部。

青海湖的水温随季节而变化。夏季湖水温度有明显的分层现象,8 月上层温度最高达 22.3 ℃,平均为 16 ℃,水的下层温度较低,平均水温为 9.5 ℃,最低为 6 ℃;秋季因湖区多风而发生湖水搅动,使水温分层现象基本消失;冬季湖面结冰,湖水温度出现逆温层现象,1 月,冰下湖水上层温度 -0.9 ℃,底层水温 3.3 ℃;春季解冻后,湖水表层温度又开始上升,逐渐又恢复到夏季的水温。

1.1.4　河流湖泊

1.1.4.1　河流

青海湖流域河网呈明显不对称分布,西北部河网发育,径流量大;东南部河网稀疏,多为季节性河流,径流量小。流入青海湖的河流有 50 余条,其主要河流有布哈河、泉吉河、沙柳河、哈尔盖河和黑马河等(见表 1.1-1)。

表 1.1-1　青海湖流域主要河流水文特征表

河流名称	控制站名称	控制站位置		集水面积	河长	控制站多年平均径流量
		东经	北纬	(km^2)	(km)	(亿 m^3)
布哈河	布哈河口	99°44′12″	37°02′13″	14 337	272	7.821
泉吉河	沙陀寺	99°52′35″	37°13′37″	567	63	0.221
沙柳河	刚察	100°07′49″	37°19′20″	1 442	85	2.507
哈尔盖河	哈尔盖	100°30′16″	37°14′25″	1 425	86	1.308
黑马河	黑马河	99°47′00″	36°43′23″	107	17	0.109

注:资料系列采用 1956 ~2000 年。

(1)布哈河。布哈河是青海湖流域第一大河,大部分河段流经天峻县境内,下游河口段左右岸分属刚察县和共和县管辖。它发源于疏勒南山,源头海拔 4 513 m,源流段自西北流向东南,称亚合陇贡玛,至多尔吉曲汇口偏转南流,继转东南接纳右岸支流亚合隆许玛,再纳右岸支流艾热盖后称阳康曲;继续东南流,纳左岸支流希格尔曲后始称布哈河。与纳让沟汇合后,河道偏转向南,过夏尔格曲汇口复东南流,到上唤仓水文站。过上唤仓水文站约 10 km 后,河流出山谷,河槽逐渐展宽,比降变缓,水流分散,至天峻县江河镇南部有最大支流江河(又名峻河)自左岸汇入。又往下纳左岸支流吉尔孟河,河道分流串沟,地下潜流丰富,主流向东经布哈河口水文站,最后注入青海湖,见图 1.1-1。布哈河河长 272 km,河道平均比降 2.76‰,布哈河口水文站多年平均径流量 7.82 亿 m^3。布哈河及布哈河大桥见图 1.1-2。

图 1.1-1　布哈河水系示意图

图 1.1-2　布哈河及布哈河大桥

(2)泉吉河。也称乌哈阿兰河,位于青海湖北岸刚察县境内,发源于尔德公贡,源头海拔4 308 m。河源地区地势较平坦,分布有大面积沼泽地,支流密布,水系呈树枝状,植被良好;干流自北向南,流经中游的峡谷地带,砂卵石河床,水流集中,河宽约25 m,水深约0.8 m;下游为广阔的湖滨滩地,水流缓慢,河床渗漏严重,大部分河水潜入地下;最后经泉吉乡,至沙陀寺水位站,河道分成两股注入青海湖。至沙陀寺水位站河长63 km,集水面积567 km²,河道平均比降12.1‰,多年平均径流量0.22亿m³。

(3)沙柳河。又称伊克乌兰河,位于青海湖北岸刚察县境内,发源于大通山的克克赛尼哈,河源海拔4 700 m。源流段自西北流向东南,穿行于峡谷之中,河宽13 m左右,河床由砂卵石组成;至瓦音(彦)曲汇入后,由北向南略偏东流,河谷渐宽,两岸为砂卵石台地,河道分流串沟,形成众多长满沙柳的河滩沙洲;其间左岸支流鄂乃曲、夏拉等河汇入,干流水量倍增,主流河宽31 m。出山口后,流向东南,经刚察水文站,入青海湖湖滨平原。到河口段河水漫流穿过湖滨沼泽区,最后汇入青海湖。至刚察(二)水文站沙柳河河长85 km,集水面积1 442 km²,河道平均比降8.16‰,多年平均径流量2.51亿m³。

(4)哈尔盖河。位于青海湖北岸,流经刚察县和海晏县。源头位于大通山脉赞宝化久山西南台布希山西北,河源海拔4 271 m。源流段自西北向东南,漫流于高山沼泽之中,泉流源源不断汇集河流,并有多处温泉涌出;两岸支沟较多,呈羽状分布,至海德尔曲汇口,河流偏向南流,经热水煤矿,河流逐渐进入宽谷带,至支流青达玛汇口。以上河段为上游区,长52 km,河道稳定,水流集中,河宽15 m左右;河谷两岸为阶地,宽约700 m,最宽可达2 km之多。自青达玛汇口到最大支流查那河汇口为中游段,河道走向从北向南,河道宽21 m,水深0.5 m左右,砂卵石河床,水流平缓而分散,有渗漏现象。查那河汇口以下到河口为下游段,经哈尔盖水文站后,干流分成多股水流蜿蜒穿行于冲洪积扇及湖滨平原之中,砂砾石河床,汛期冲淤变化大,主槽摆动,河水渗漏严重,枯水季节部分河段全部下潜,至湖滨复出地表,形成大片沼泽区,汇集成涓涓细流注入青海湖。河口高程3 195 m,至哈尔盖(二)水文站河长86 km,集水面积约1 425 km²,河道平均比降5.64‰,多年平均径流量1.31亿m³。

(5)黑马河。位于青海湖西南岸海南州共和县黑马河乡境内。上游分成两支,北支称日格尔河,源于橡皮山北麓,为时令河;南支为正源,发源于橡皮山东南的亚勒岗,河源海拔4 477 m,自西南流向东北。两支于黑马河乡政府驻地以上1 km处汇合后经黑马河水文站,过湖滨草原注入青海湖。两支源流汇口以上山区坡度大,砂卵石河床,沿岸水草丰茂。河口附近湖滨地带河床有渗漏现象,枯季经常断流。至黑马河水文站河长17 km,集水面积107 km²,河道平均比降52.1‰,多年平均径流量0.11亿m³。

1.1.4.2　湖泊

青海湖流域湖泊较多,除青海湖外,面积大于0.04 km²的湖泊有75个,其中面积大于0.5 km²的湖泊有14个,大于1 km²的有4个;分布于流域西北部的布哈河河源地区和东南部的湖滨地带,其中分布于西北部的多为淡水湖,分布于东南部的多为咸水湖。流域内湖泊因水源补给不足,湖面逐渐退缩,最明显的是青海湖。由于青海湖湖面退缩,不断分离出新的子湖,目前已分离出4个较大的子湖,由北而南分别为尕海、新尕海、海晏湾和洱海。

青海湖位于流域东南部,是我国最大的内陆咸水湖,东西长约106 km,南北宽约63

km,周长约 360 km,略呈椭圆形,湖东面有 4 个子湖。2010 年湖面海拔 3 193.17 m,湖面面积为 4 234 km²,湖水容量为 723.59 亿 m³。青海湖平均水深 16.85 m,最大水深达到27.5 m。湖水呈弱碱性,pH 值为 9.23,相对密度 1.011 5,矿化度 15.2 g/L。

1.1.5　土地矿产资源

在青海湖流域的湖滨平原、河谷两岸、山前盆地及山前倾斜平原,成土母质主要是湖积物及冲、洪积物,其中冲、洪积物形成的土壤养分较高,而湖积物土壤则多含盐分。在沙丘地区,土壤母质为风成沙粒,肥力较低。在山区,成土母质为各种岩性风化物的残积物和坡积物,表层质地较细,深处渐粗,多含有砾石和石块,山麓处土层较厚,养分也较丰。在高山区,成土母质除残、坡积物外还有冰积物。青海湖流域的土壤类型主要有高山寒漠土、高山草甸土、高山草原土、山地草甸土、黑钙土、栗钙土、草甸土、沼泽土、风沙土和盐土。

据土地利用遥感调查成果,青海湖流域草地最多,面积为 15 334 km²,占流域总面积的 51.7%;其次是水域湿地,面积为 7 122 km²,占 24.0%;裸土裸岩面积为 3 283 km²,占11.1%;荒漠面积为 2 249 km²,占 7.6%;林地面积为 1 486 km²,占 5.0%;耕地面积为161 km²,占 0.5%;建设用地最少,面积为 34 km²,仅占 0.1%。

青海湖流域已经开采的矿产资源当属煤炭资源,较大的煤矿有刚察县境内的省属热水煤矿。

1.1.6　自然保护区概况

青海湖自然保护区始建于 1975 年,1976 年建立管理站,1984 年晋升为管理处,1992年被列入《关于特别是作为水禽栖息地的国际重要湿地公约(拉姆萨公约)》国际重要湿地名录。1997 年 12 月经国务院批准,晋升为国家级自然保护区。青海湖国家级自然保护区位于海北州海晏县、刚察县和海南州共和县境内,介于北纬 36°28′~37°15′、东经97°53′~101°13′之间,东西长 104 km,南北宽 60 km,总面积 4 952 km²,其范围内包括青海湖整个水域及鸟类繁殖、栖息的岛屿、滩涂和湖岸湿地。青海湖国家级自然保护区管理局负责东自环湖东路、北自青藏铁路、西自环湖西路、南自 109 国道以内的自然资源和环境管理,保护对象为此范围内的野生动植物资源及其生态环境。青海湖国家级自然保护区范围图见附图 3。

青海湖自然保护区是青藏高原多种候鸟集中栖息繁殖、越冬的重要场所。据调查,保护区有鸟类 15 目 35 科 164 种,其中湿地鸟类资源最为丰富,以水禽为优势,主要繁殖的斑头雁、棕头鸥、渔鸥和鸬鹚等水禽数量达数万只,另外,冬季越冬的大天鹅数量最多时达数千只。春秋两季迁徙途中在此区作短暂停留的旅鸟有近 20 种,如凤头潜鸭、针尾鸭、白眉潜鸭、红嘴潜鸭、绿翅鸭、斑头秋沙鸭、鹊鸭等,数量在 7 万只以上。国家一级保护鸟类黑颈鹤也在此栖居繁殖。青海湖水体中盛产享誉全国的青海湖裸鲤(俗称湟鱼)。国家一级保护濒危动物普氏原羚目前在全国范围内仅分布于青海湖环湖部分区域。

青海湖国家级自然保护区经过二十多年的建设,现已具有一定规模,科研也获得一些成果,并已成为对外宣传青海的一个重要窗口。

1.2 社会经济概况

1.2.1 人口及行政区划

1.2.1.1 行政区划

青海湖流域行政区域涉及青海省 3 州 4 县 25 个乡(镇),总面积 2.97 万 km^2,约占青海省总面积的 4.1%,流域内还有青海省农牧厅管辖的三角城种羊场、三江集团公司管理的湖东种羊场和铁卜加草原改良试验站、海北州管辖的青海湖农场和刚察县属黄玉农场。青海湖流域行政区划见表 1.2-1。

表 1.2-1 青海湖流域行政区划一览表

县名	涉及乡(镇)数	涉及乡(镇)名称	流域内省、州、县属农牧场
刚察县	5	沙柳河、哈尔盖、泉吉、伊克乌兰、吉尔孟	青海湖农场、三角城种羊场、黄玉农场
海晏县	5	青海湖、托勒、甘子河、金滩、三角城	
天峻县	10	新源、龙门、舟群、江河、织合玛、快尔玛、生格、阳康、木里、苏里	
共和县	5	倒淌河、江西沟、黑马河、石乃亥、英德尔	湖东种羊场、铁卜加草原改良试验站
青海湖流域	25		5

1.2.1.2 人口及分布

青海湖流域自古以来就是游牧民族聚居的地方,居住着藏、汉、回、撒拉和蒙古等十多个民族。大多数藏族和蒙古族以牧业为生,回族和汉族则广泛分布在青海湖区周围。截至 2010 年底,流域总人口为 11.11 万人,占青海省总人口的 2.0%,其中城镇人口为 3.39 万人,城镇化率为 30.5%。流域人口密度为 3.7 人/km^2,低于青海省 7.8 人/km^2 的平均水平。青海湖流域是一个以畜牧业生产为主,兼有少量种植业的地区,农牧业人口比例高,有 7.72 万人。青海湖流域人口详细分布情况见表 1.2-2。

表 1.2-2 青海湖流域 2010 年人口分布表

水资源分区或行政区域		人口(万人)			城镇化率(%)	人口密度(人/km^2)
		总人口	城镇人口	农村人口		
水资源分区	布哈河上唤仓以上区	0.34	0.01	0.33	2.9	0.43
	布哈河上唤仓以下区	3.22	1.07	2.15	33.2	4.03
	湖南岸河区	1.15	0.04	1.11	3.5	6.76
	倒淌河区	1.01	0.32	0.69	31.7	12.63
	湖东岸河区	0.46	0.12	0.34	26.1	4.18
	哈尔盖河区	1.67	0.10	1.57	6.0	6.96
	沙柳河区	2.53	1.68	0.85	66.4	10.52
	泉吉河区	0.73	0.05	0.68	6.8	6.64

续表 1.2-2

水资源分区或行政区域		人口(万人)			城镇化率 (%)	人口密度 (人/km²)
		总人口	城镇人口	农村人口		
县区	天峻县	2.59	1.04	1.55	40.2	1.90
	刚察县	5.04	1.83	3.21	36.3	7.99
	共和县	2.78	0.51	2.27	18.3	7.45
	海晏县	0.70	0.01	0.69	1.4	4.07
青海湖流域		11.11	3.39	7.72	30.5	3.74

1.2.2 经济发展情况

青海湖流域是以畜牧业生产为主体的经济欠发达地区,20 世纪 60 年代开始发展部分种植业,近年来才逐步开展个体运输业、商品零售、餐饮和旅游等服务业及劳务输出等。青海湖流域内工业基础薄弱,主要工业行业有铅锌矿采选、肉类加工、建材、网围栏制造等,普遍规模小、产量低。2010 年青海湖流域国内生产总值为 11.36 亿元,人均 GDP 为10 223 元。青海湖流域三次产业结构为 39.8∶12.8∶47.4。详见表 1.2-3。

表 1.2-3 2010 年青海湖流域国内生产总值(GDP)情况表

水资源分区或行政区域		第一产业 (万元)	第二产业(万元)			第三产业 (万元)	合计 (万元)	人均 GDP (元)
			工业	建筑业	小计			
水资源分区	布哈河上唤仓以上区	2 726	150	1 097	1 247	2 337	6 310	18 559
	布哈河上唤仓以下区	14 313	786	5 056	5 842	16 736	36 891	11 450
	湖南岸河区	5 995	0	248	248	6 143	12 386	10 771
	倒淌河区	3 079	0	132	132	5 401	8 612	8 528
	湖东岸河区	2 347	0	248	248	1 013	3 608	7 845
	哈尔盖河区	7 352	1 127	2 039	3 166	6 211	16 729	10 017
	沙柳河区	6 518	627	2 472	3 099	13 313	22 930	9 078
	泉吉河区	2 902	34	513	547	2 632	6 081	8 331
县区	天峻县	10 424	814	5 775	6 589	15 319	32 332	12 474
	刚察县	17 821	1 910	4 767	6 677	21 594	46 092	9 153
	共和县	13 317	0	386	386	13 635	27 338	9 834
	海晏县	3 669	0	879	879	3 240	7 788	11 127
青海湖流域		45 232	2 724	11 807	14 531	53 788	113 552	10 223

1.2.2.1 第一产业

第一产业是青海湖流域的传统产业,畜牧业生产历史悠久,丰富的草地资源给畜牧业生产提供了良好的基础条件。1949 年流域内有大小牲畜 90 万头(只),新中国成立后,通过党和政府在牧区实行一系列扶持、发展畜牧业经济的政策和措施,畜牧业得到了较大发展,1985 年流域内牲畜发展到 226.5 万头(只),至 2010 年流域内共有各类大小牲畜284.8 万头(只)。畜牧业是青海湖流域的主导产业,也是地方财政的主要来源。

　　新中国成立前,流域内只有零星耕地分布在共和县石乃亥一带,耕作粗放,产量很低;新中国成立后,开始在海拔 3 200 m 以上的湖滨地区开发土地,兴办农场,种植粮油作物和饲草饲料作物,使农业得到较大的发展,也促进了畜牧业的发展,但是由于盲目大开荒,草原生态环境遭到破坏。随着西部大开发和生态环境治理,从 2000 年开始,流域内实施退耕还林还草工程,截至 2010 年,流域内保留耕地面积 24.17 万亩❶。

　　2010 年流域内有效灌溉面积 30.27 万亩,其中农田有效灌溉面积 7.75 万亩,主要作物有油菜、青稞等,林草有效灌溉面积 22.52 万亩,主要种植饲草(燕麦、垂穗披碱草、老芒麦等)及黑刺。据统计,2010 年青海湖流域粮食总产量为 0.62 万 t,人均占有粮食 55.8 kg,见表 1.2-4。

表 1.2-4　青海湖流域 2010 年农牧业生产情况表

水资源分区或行政区域		耕地面积（万亩）	农田有效灌溉面积（万亩）	林草有效灌溉面积（万亩）	粮食产量（万 t）	人均粮食（kg/人）	牲畜(万头(只))		
							大牲畜	小牲畜	合计
水资源分区	布哈河上唤仓以上区	0	0	0	0	0	3.27	17.05	20.32
	布哈河上唤仓以下区	0.60	0.19	0.16	0	0	14.20	73.55	87.75
	湖南岸河区	4.90	0	0	0.05	0	6.15	26.76	32.91
	倒淌河区	5.35	0.15	0	0.35	0	2.13	16.75	18.88
	湖东岸河区	0	0	2.32	0	43.5	1.28	19.12	20.40
	哈尔盖河区	6.11	3.00	9.36	0.06	346.5	6.42	34.13	40.55
	沙柳河区	5.43	4.11	9.21	0.15	0	8.25	36.62	44.87
	泉吉河区	1.78	0.30	1.47	0.01	0	3.16	15.92	19.08
县区	天峻县	0	0	0	0	0	11.56	59.37	70.93
	刚察县	12.72	6.86	20.20	0.22	45.8	19.96	90.43	110.39
	共和县	10.66	0.15	2.32	0.40	59.4	11.14	63.07	74.21
	海晏县	0.79	0.74	0	0.13	13.7	2.20	27.04	29.24
青海湖流域		24.17	7.75	22.52	0.62	55.8	44.86	239.91	284.77

1.2.2.2　第二产业

　　青海湖流域工业基础相对薄弱,迄今为止还没有大型工业设施和现代工业企业,主要工业行业有煤炭开采、铅锌矿采选、食品生产、畜产品加工、建材、网围栏制造等,规模小、产量低、用水量少。2010 年青海湖流域第二产业增加值为 1.45 亿元,占国民生产总值的12.8%。其中工业增加值仅为 0.27 亿元,占第二产业的 18.7%;2010 年占比重较大的建筑业增加值为 1.18 亿元,占第二产业的 81.3%。

1.2.2.3　第三产业

　　第三产业从 20 世纪 80 年代以来有了较大发展,特别是交通运输、旅游以及居民服务业发展速度较快。青海湖流域风光名胜,以其高原湖泊的烟波浩淼、波澜壮阔、碧波万顷而闻名于世,是一个地域辽阔、门类多、文化内涵丰富和具有较高生物科学含量的特色风景名胜生态旅游区,并成为推动第三产业快速发展的重要组成部分。2010 年第三产业增加值达 5.38 亿元,占国民生产总值的 47.4%。

---

❶　1 亩 = 1/15 hm² ≈ 666.67 m²,下同。

2 青海湖流域水资源利用与 保护现状调查评价

2.1 水资源分区

水资源开发利用与流域自然地理、水资源特性、经济社会基础及水利工程措施等诸多因素关系密切。这些因素在青海湖流域内既有差异性,又有相似性。为因地制宜地指导水利建设和生态环境建设,切合实际地开发利用水资源,既要反映各区域差异,又能表达同类地区的开发前景,因此需要划分区域,以开展水资源开发利用与保护研究。水资源分区的原则为:

(1)保持流域内主要水系的完整。

(2)对水文气象条件相似的小流域或支沟适当合并。

(3)同一区内自然地理、水资源开发利用、水利化发展方向基本相同。

(4)考虑已建水利工程和重要水文站的控制作用。

根据上述原则,青海湖流域共划分为 9 个水资源分区。各区的名称基本上采用河流名称,也有以相对湖地理位置命名的。青海湖流域水资源分区见表 2.1-1 和附图 4。

表 2.1-1 青海湖流域水资源分区表

水资源分区				行政区划		面积
一级区	二级区	三级区	四级区	州名	县名	(万 km²)
西北诸河	青海湖水系	青海湖流域	布哈河上唤仓以上区	海西州	天峻	0.79
			布哈河上唤仓以下区	海西州	天峻	0.80
				海北州	刚察	
				海南州	共和	
			湖南岸河区	海南州	共和	0.17
			倒淌河区	海南州	共和	0.08
			湖东岸河区	海南州	共和	0.11
				海北州	海晏	
			哈尔盖河区	海北州	海晏	0.24
					刚察	
			沙柳河区	海北州	刚察	0.24
			泉吉河区	海北州	刚察	0.11
			湖区	海北州	刚察	0.43
					海晏	
				海南州	共和	
合计						2.97

2.2　水资源量

2.2.1　降水

青海湖流域位于青藏高原的东北隅,属于半干旱高寒气候,处于我国东部季风区、西北部干旱区和西南部高寒区的交汇地带,并受其自身的湖泊效应影响,寒冷季长,温凉期短,没有明显的四季之分,干旱少雨。

青海湖流域的水汽主要来源于孟加拉湾及东南沿海的暖湿气流。因流域深处内陆高原,远来的暖湿气流沿途受到山脉的阻扰、截留,以致进入青海湖区的水汽所剩无几,故降水不甚充沛,但是巨大的青海湖水体本身是一个水汽辐射中心,因而湖周的降水量较其毗邻的内陆流域为丰。

2.2.1.1　降水资料来源

青海湖流域内雨量观测站点稀疏,分布也不均匀,湖泊周围一带降水观测站点相对密集,其他地区都比较稀疏,而且观测年限长短不齐。本次降水量评价选用了56处观测站点的资料,包括青海湖流域内35处、流域周边21处。观测站点的资料中有44处为水文、气象部门系统观测的资料(见表2.2-1),其余14处来自农牧业、地质部门(见表2.2-2)。选用的流域内35处观测站中,观测年数在50年以上的站占11%,41~50年的占1%,31~40年的占8%,21~30年的占11%,少于20年的占69%。

表 2.2-1　青海湖流域及周边水文气象站基本情况表

分区	测站	资料来源	坐标		实测		
			东经	北纬	多年均值(mm)	时间(年-月)	系列长度(年)
布哈河上唤仓以上区	龙门	雨量站	98°49′	37°52′	299.5	1984-08~1985-06,1986-06~1988	2
	阳康	雨量站	98°38′	34°41′	301.2	1985-09~1989-06	3
布哈河上唤仓以下区	上唤仓(三)	水文站	98°40′50″	37°26′42″	275.4	1968~1991	24
	上唤仓	水文站	98°43′00″	37°25′22″	273.6	1957-05~1962-06	6
	上唤仓(二)	水文站	98°50′38″	37°02′25″	381.3	1962-07~1967	6
	天峻	气象站	99°02′	37°18′	342.4	1958~2007	50
	下唤仓	水文站	99°17′40″	37°14′20″	358.1	1958-05~1968-09	11
	天棚	雨量站	99°16′	37°11′	397.5	1985~1989	5
	吉尔孟	水文站	99°51′00″	37°48′00″	317.9	1959-03~1962-06	2
	布哈河口	水文站	99°44′13″	37°02′13″	379.7	1957-05~2007	50
湖南岸河区	黑马河	水文站	99°47′00″	36°43′23″	431.9	1958-08~1961,1965-06~1994	32
	江西沟	水文站	100°16′18″	36°37′07″	452.8	1993-06~1994	1
	下社	水文站	100°29′24″	36°35′09″	382.4	1957-08~2007	50
	一郎剑	水文站	100°23′	36°40′	351.5	1966~1983-09	18

续表2.2-1

分区	测站	资料来源	坐标		实测		
			东经	北纬	多年均值（mm）	时间（年-月）	系列长度（年）
倒淌河区	倒淌河	雨量站	100°57′58″	36°24′01″	298.3	1978-06~2000，2003~2007	27
湖东岸河区	湖东	雨量站	100°48′28″	36°38′25″	309.3	1984-09~2000，2002~2007	22
哈尔盖河区	哈尔盖	雨量站	100°30′23″	37°14′35″	340	1961~1963，1980~2007	31
	大阪山	水文站	100°39′05″	37°18′53″	499.5	1959~1961	3
	热水	水文站	100°25′54″	37°35′39″	524.3	1978~2000	23
	甘子河口	水文站	100°27′	37°03′	188.7	1959-08~1960	2
沙柳河区	刚察	气象站	100°07′56″	37°19′41″	381.1	1958~2007	50
	刚察	水文站	100°07′49″	37°19′20″	399.7	1958~1975，1989~1997	27
	刚察（二）	水文站	100°07′52″	37°19′23″	399.0	1976~1988，1998~2007	23
	青海湖农场	水文站	100°07′	37°15′	287.2	1959~1961，1988~1989	5
泉吉河区	泉吉	雨量站	99°53′	37°16′	314.2	1993~2007	15
	沙陀寺	水文站	99°52′35″	37°13′37″	330.6	1958-04~1992	34
湖　区	二郎剑	水文站	100°25′01″	36°39′08″	376	1958-08~1962-09	5
	二郎剑（三）	水文站	100°38′55″	36°33′13″	381.7	1962-11~1968	6
流域周边参考站	吴松他拉	水文站	100°22′35″	37°51′08″	479.1	1958-06~1973-07	16
	尕日得	水文站	100°31′11″	37°44′56″	562.6	1973-01~2000	28
	哈利涧	雨量站	101°00′17″	37°03′25″	408	1975-06~1995-02	20
	海晏	水文站	101°00′28″	36°53′57″	381.4	1954-04~2007	53
	哈藏滩	雨量站	101°04′53″	36°49′16″	400.8	1975-06~2007	33
	巴燕峡	雨量站	101°05′59″	36°48′20″	418.3	1970-05~2007	38
	巴汉	雨量站	101°04′35″	36°39′54″	593	1966-06~2007	42
	兔尔干	雨量站	101°09′06″	36°31′15″	466.2	1965-08~2007	41
	沙珠玉	水文站	99°51′04″	36°21′15″	204.6	1959~1969	11
	共和	气象站	100°37′04″	36°16′53″	312.0	1956~2000	45
	龙羊峡	雨量站	100°54′	36°07′	304.3	1960~1969	10
	加牙麻	雨量站	101°10′08″	36°36′21″	507.5	1979-05~1989	11
	哈城	雨量站	101°09′18″	36°27′21″	375.3	1965-07~2007	43
	德令哈	气象站	97°22′	37°22′	166.2	1956~2007	52
	泽林沟	水文站	97°44′28″	37°26′58″	243.9	1959~1997	39
	上尕巴	水文站	98°34′37″	36°59′56″	279.9	1960~1969，1979~2007	39

表 2.2-2　青海湖流域及周边农牧业、地质等部门雨量资料

分区	地名	降水量（mm）	资料来源
布哈河上唤仓以下区	江河	357.3	①青海省天峻县牧业资源调查和牧业区划报告集；②天峻县志；③区域水文地质报告（织合玛幅）
	快尔玛	314.1	
	舟群	464.3	
	下秀脑	344	刚察县农牧业区划
哈尔盖河区	十五道班	431.2	刚察县志
沙柳河区	低那恰拾给	488.3	①刚察县志；②刚察县农牧业区划
	刚察大寺	428.1	
	刚察	370	
泉吉河区	角什科	484.7	刚察县志
流域周边	木里	497	天峻县志
	生格	359.8	
	大水桥	240.9	区域水文地质报告（天峻幅）
	江仓煤矿	487	刚察县农牧业区划
	共和机场	317.5	青海省共和县综合农牧业区划

2.2.1.2　降水资料的审查及可靠性分析

降水资料主要选自水文、气象部门，同时也收集了农牧业、地质部门及部分企业的短期观测资料。虽然水文、气象部门的观测资料规范，且可靠性较高，但仍对选用的资料进行了审查，通过合理性检查，对发现的个别错误进行了处理。而农牧业、地质等部门的降水资料观测年限不明确，故只作为参考，从空间上的合理性分析其可靠程度。但这种资料仍能反映降水的分布特征，对于部分空白区仍是有用的。

2.2.1.3　降水资料的插补延长

青海湖流域大部分雨量站观测系列短，20 世纪五六十年代有雨量观测资料的站点较多，而到八九十年代，很多站点迁址或撤销，只有少数站的观测资料比较完整。对缺测站点的年、月降水量采用以下方法进行插补。

1. 线性相关法

对于有 20 年以上观测资料的站点，其缺测年值采用线性相关法插补延长。选用邻近气候、地形条件相似的有长系列资料的站点，进行直线相关。如黑马河水文站，实测年数为 32 年，采用邻近系列比较完整的布哈河口站降水资料进行插补，相关系数达到 0.81。采用线性相关法进行插补延长的站点共有 4 处。

2. 均值代替法

对个别月降水量缺测的站点，汛期降水量可移用邻近站同月降水量或采用附近各站同月降水量的平均值。非汛期降水量较小，各年降水量变化不大，可用同月降水量的历年

平均值插补缺测月份的降水量,以求得全年的降水量。如下社水文站 1962 年 10 月缺测,历年平均值为 24.9 mm,缺测值用多年月平均值进行替代插补。

3. 比值法

对流域内观测年限较短的站,缺测资料选用邻近站观测值进行比值法插补。如吉尔孟水文站,仅在 1959 年 3 月至 1962 年 6 月观测,选布哈河口水文站为参证站,对吉尔孟水文站多年平均降水量进行比值订正。流域内采用比值法订正均值的站点共有 18 处。

对缺测资料的插补延长,采用多种方法或多个参证站分析比较,最终选择较合理的结果,使资料系列或多年均值同步到 1956～2007 年。

2.2.1.4　降水资料的代表性分析

雨量资料的代表性,直接影响降水成果的精度。青海湖流域降水观测系列最长的为布哈河口水文站,始测于 1957 年 5 月。流域内具有 50 年及以上实测降水资料的水文、气象观测站共有 4 处。通过年降水累积均值过程线及长短系列统计参数的对比,对这四个站 1958～2007 年的系列间接作出代表性评价。

1. 年降水累积均值过程线分析

年降水量均值随着系列年限的增长而逐渐稳定。为分析代表站年降水稳定历时,绘制年降水累积均值过程线,见图 2.2-1。

该曲线反映出,随系列增长,累积均值逐渐向 1 靠近或在 1 上下波动。刚察水文站系列自 1978 年之后,年降水累积均值均已呈稳定状态,误差已在 ±0.05 以内。天峻气象站和布哈河口水文站在系列长度达到 35 年以上时,年降水累积均值也呈现出稳定状态。下社水文站则不明显。

2. 年降水长短系列统计参数对比

根据测站资料情况,选取 1956～2007 年(52 年)、1963～2007 年(45 年)、1968～2007 年(40 年)、1973～2007 年(35 年)、1978～2007 年(30 年)、1983～2007 年(25 年)、1988～2007 年(20 年)、1993～2007 年(15 年)、1998～2007 年(10 年)、2003～2007 年(5 年)十个系列,采用矩法对不同长度年降水系列进行统计参数分析计算,并与 1956～2007 年 52 年同步长系列统计参数对比,结果见表 2.2-3。

经分析,随着系列长度的增加,均值、C_v 值变幅逐渐减小。当短系列均值与相应长系列的均值、C_v 值的偏差在 ±0.05 以内时,则认为该短系列已稳定。年降水累积均值过程线分析与长短系列统计参数比较表明,青海湖流域代表站点 20 年以上的系列,其统计参数已与 52 年系列基本接近;间接表明 52 年系列具有较好的代表性。

2.2.1.5　降水量的年内分配及年际变化

1. 降水量年内分配

青海湖流域降水的年内分配很不均衡。7～8 月降水量最多,单月降水量占年降水量的 20.2%～23.7%。1 月降水量最小,降水量仅占全年降水量的 0.2%～0.3%。各雨量代表站的降水量年内分配见表 2.2-4。

青海湖流域最大四个月降水量主要集中在 6～9 月,降水量占全年降水量的 75.6%～

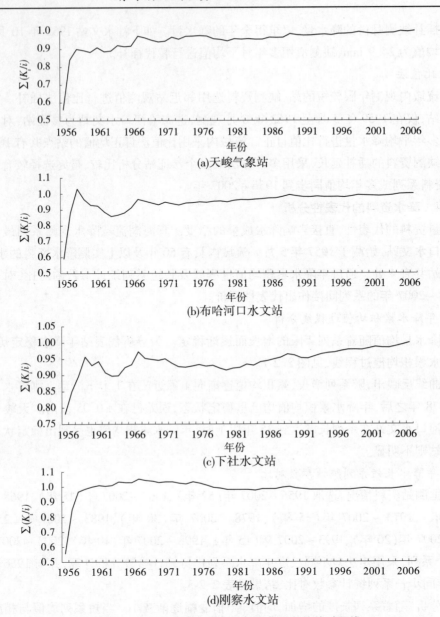

图 2.2-1　代表站年降水模比系数逐年累积均值过程线

79.3%,形成干湿季分明的特点。代表站中刚察水文站年降水量较大,为 398.7 mm,6~9
月降水量占年降水量的 79.3%。

2. 降水量年际变化分析

1) 年降水量极值比与 C_v 值统计分析

降水量的年际分配也不均衡。年降水量极值比是表征年降水量多年变化的指标之
一。青海湖流域年降水量极值比在 2.13~2.95 之间,变差系数 C_v 值在 0.19~0.24 之
间,天峻气象站 C_v 值最大,为 0.24,下社水文站 C_v 值最小,为 0.19。详见表 2.2-5。

表 2.2-3　年降水长短系列统计参数(矩法计算值)比较表

起讫年份	年数	站名	P(mm)	C_v	K_P	ΔC_v	站名	P(mm)	C_v	K_P	ΔC_v
2003~2007	5	天峻气象站	382.3	0.204	1.12	-0.022	布哈河口水文站	429.3	0.124	1.14	-0.082
1998~2007	10		361.8	0.213	1.06	-0.013		414.6	0.160	1.10	-0.046
1993~2007	15		360.4	0.189	1.06	-0.037		398.0	0.159	1.05	-0.047
1988~2007	20		360.3	0.221	1.06	-0.005		394.9	0.185	1.04	-0.021
1983~2007	25		357.0	0.209	1.05	-0.017		393.4	0.167	1.04	-0.039
1978~2007	30		347.2	0.224	1.02	-0.002		393.0	0.161	1.04	-0.045
1973~2007	35		345.8	0.217	1.02	-0.009		389.4	0.159	1.03	-0.047
1968~2007	40		343.1	0.218	1.01	-0.008		381.8	0.170	1.01	-0.036
1963~2007	45		346.5	0.223	1.02	-0.003		384.7	0.188	1.02	-0.018
1956~2007	52		340.3	0.226				377.9	0.206		
2003~2007	5	下社水文站	426.4	0.163	1.13	-0.017	刚察水文站	452.0	0.102	1.13	-0.065
1998~2007	10		419.8	0.129	1.10	-0.051		427.0	0.129	1.07	-0.038
1993~2007	15		425.3	0.110	1.12	-0.070		418.1	0.114	1.05	-0.053
1988~2007	20		410.7	0.156	1.07	-0.024		407.1	0.165	1.02	-0.002
1983~2007	25		411.3	0.151	1.08	-0.029		406.1	0.155	1.02	-0.012
1978~2007	30		400.1	0.164	1.05	-0.016		395.2	0.167	0.99	
1973~2007	35		391.6	0.169	1.03	-0.011		392.4	0.169	0.98	0.002
1968~2007	40		383.2	0.176	1.01	-0.004		392.0	0.161	0.98	-0.006
1963~2007	45		385.3	0.179	1.01	-0.001		398.1	0.162	1.00	-0.005
1956~2007	52		380.1	0.180				398.7	0.167		

注:$K_P=P_短/P_长$,$\Delta C_v=C_{v短}-C_{v长}$。

2)不同年代丰枯分析

以年代为时段单元,将 1956~2007 年系列划分为 6 个时间段,分析比较各代表站不同时段平均年降水量与多年平均降水量的相对增减幅度,见表 2.2-6。

与多年均值相比,20 世纪 50 年代代表站降水偏少;60 年代除刚察水文站降水偏多外,其余代表站降水略偏少;70 年代下社水文站、刚察水文站降水偏少,天峻气象站、布哈河口水文站降水与多年平均基本持平;80 年代所有代表站降水与多年平均相比偏多;90 年代降水与多年平均持平;2000~2007 年,降水均偏多,偏多范围在 3.2%~11.6% 之间。1956~2007 年,青海湖流域不同年代降水主要经历了枯—平—枯—丰—平—丰的变化过程。

3)年降水量的连丰期和连枯期统计分析

年降水量系列一般应包括最长连丰期和连枯期。以丰水年相应频率 $P<37.5\%$、枯水年相应频率 $P>62.5\%$ 为划分标准,判别出年降水量系列中的丰水年和枯水年,然后挑选出持续时间最长的连丰期和持续时间最长的连枯期,并计算连丰期和连枯期的平均年降水量及其与多年平均年降水量的比值 $K_丰$ 和 $K_枯$,详见表 2.2-7。青海湖流域普遍出现的连丰、连枯时段一般为 4 年,年降水量的最长连丰期在 3~4 年之间,比值 $K_丰$ 在 1.16~1.25 之间;最长连枯期在 3~5 年之间,比值 $K_枯$ 在 0.74~0.79 之间。

表 2.2.4 青海湖流域降水量代表站 1956~2007 年系列年内分配统计表

站名		1月	2月	3月	4月	5月	6月	7月	8月	9月	10月	11月	12月	年降水量(mm)	汛期		
															月份	降水量(mm)	占年降水量(%)
天峻气象站	降水量(mm)	0.9	1.6	5.2	13.3	42.5	73.7	78.4	72.6	39.5	10.6	1.4	0.6	340.3	5~8	267.2	78.5
	百分比(%)	0.3	0.5	1.5	3.9	12.5	21.7	23.0	21.3	11.6	3.1	0.4	0.2				
布哈河口水文站	降水量(mm)	1.0	1.5	5.1	11.8	45.3	68.3	77.1	80.4	59.8	23.3	3.0	1.3	377.9	6~9	285.6	75.6
	百分比(%)	0.3	0.4	1.3	3.1	12.0	18.1	20.4	21.3	15.8	6.2	0.8	0.3				
下社水文站	降水量(mm)	0.8	1.7	3.5	10.7	41.0	56.5	76.7	89.5	69.1	24.7	3.9	2.0	380.1	6~9	291.8	76.8
	百分比(%)	0.2	0.5	0.9	2.8	10.8	14.9	20.2	23.6	18.2	6.5	1.0	0.5				
刚察水文站	降水量(mm)	1.1	1.9	5.4	13.7	43.7	75.0	91.5	94.5	55.1	13.7	2.3	0.8	398.7	6~9	316.1	79.3
	百分比(%)	0.3	0.5	1.4	3.4	10.9	18.8	23.0	23.7	13.8	3.4	0.6	0.2				

表 2.2-5 青海湖流域代表站年降水量极值比统计表

站名	实测年数(年)	统计参数			降水量最大年		降水量最小年		极值比	不同频率降水量(mm)			
		降水量(mm)	C_v(适线法)	C_s/C_v	年份	降水量(mm)	年份	降水量(mm)		20%	50%	75%	95%
天峻气象站	50	340.3	0.24	3.5	1989	563.6	1956	191.2	2.95	403.6	328.9	280.8	228.0
布哈河口水文站	50	377.9	0.23	3.5	1967	586.5	1956	223.9	2.62	445.6	366.34	314.8	257.3
下社水文站	50	380.1	0.19	3.5	1967	534.0	1991	250.6	2.13	437.4	372.1	328.0	276.4
刚察水文站	50	398.7	0.20	3.5	1967	530.4	1956	221.2	2.40	461.6	389.4	341.0	285.2

表2.2-6 代表站各年代年降水量比较表

站名	时段类别	1956~1959年	1960~1969年	1970~1979年	1980~1989年	1990~1999年	2000~2007年	多年平均降水量(mm)
天峻气象站	降水量(mm)	303.9	330.6	325.7	360.0	350.4	351.1	340.3
	距平(%)	-10.7	-2.9	-4.3	5.8	3.0	3.2	
布哈河口水文站	降水量(mm)	364.7	352.3	366.2	410.0	373.2	396.8	377.9
	距平(%)	-3.5	-6.8	-3.1	8.5	-1.2	5.0	
下社水文站	降水量(mm)	363.7	359.7	336.2	405.4	390.5	424.1	380.1
	距平(%)	-4.3	-5.4	-11.5	6.7	2.7	11.6	
刚察水文站	降水量(mm)	392.7	422.0	368.7	408.1	374.2	428.3	398.7
	距平(%)	-1.5	5.8	-7.5	2.4	-6.1	7.4	

表2.2-7 青海湖流域降水代表站连丰期和连枯期分析表

站名	连丰期				连枯期			
	起讫年份	年数	平均年降水量(mm)	$K_丰$	起讫年份	年数	平均年降水量(mm)	$K_枯$
天峻气象站	2002~2005	4	396.0	1.16	1978~1980	3	252.1	0.74
布哈河口水文站	2003~2006	4	439.1	1.16	1960~1963	4	284.0	0.75
下社水文站	2005~2007	3	476.0	1.25	1972~1974	3	298.7	0.79
刚察水文站	2004~2007	4	470.8	1.18	1976~1980	5	311.0	0.78

4)降水丰枯年组

绘制雨量代表站1956~2007年降水量模比系数差积曲线图2.2-2,分析年降水量的丰枯变化周期。

天峻气象站、布哈河口水文站及下社水文站只有一个丰枯水循环周期,且规律非常相似。枯水段为1956~1980年,丰水段为1981~2007年,见表2.2-8。

刚察水文站的第一周期1956~1967年为丰水段,1968~1975年为平水段,1976~1984年为枯水段;第二周期1985~1989年为丰水段,1990~1992年为枯水段,1993~2003年为平水段,2005年以后刚察水文站的降水一直处于偏丰的阶段。见表2.2-8。

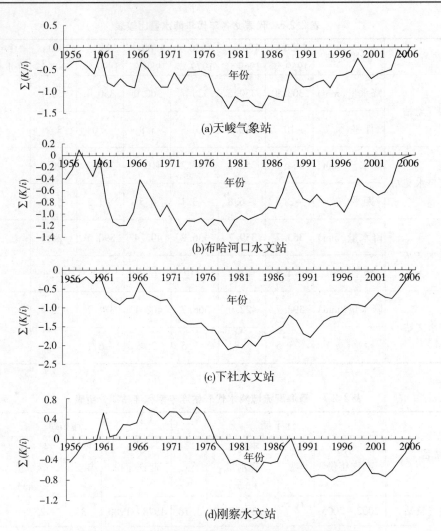

图 2.2-2　青海湖流域雨量代表站模比系数差积曲线图

表 2.2-8　青海湖流域雨量代表站丰枯水段分析

站名	最长枯水段				最长丰水段			
	起讫年份	年数	时段平均降水量（mm）	距平（%）	起讫年份	年数	时段平均降水量（mm）	距平（%）
天峻气象站	1956～1980	25	321.2	-5.6	1981～2007	27	357.8	5.2
布哈河口水文站	1956～1980	25	358.2	-5.2	1981～2007	27	396.1	4.8
下社水文站	1956～1980	25	348.1	-8.4	1981～2007	27	409.7	7.8
刚察水文站	1976～1984	9	342.2	-14.2	1996～2007	12	425.1	6.6

2.2.1.6　降水量的区域分布特征

对比 1956～2000 年系列与 1956～2007 年长系列(见表 2.2-9),1956～2000 年系列降水量偏小,且两个系列相差大部分在 2% 以内,从水资源的开发利用安全角度出发,并考虑与全国水资源综合规划的一致,青海湖流域降水量采用 1956～2000 年系列。

表 2.2-9　1956～2000 年与 1956～2007 年系列对比

站名	1956～2000 年	1956～2007 年	相对误差(%)
天峻气象站	336.4	340.3	−1.15
布哈河口水文站	373.5	377.9	−1.16
下社水文站	371.9	380.1	−2.16
刚察水文站	394.6	398.7	−1.03

1. 多年平均年降水量等值线的绘制

多年平均降水量等值线图是研究降水量区域分布规律、估算区域降水量的主要工具。依据点据分布,并结合地形、地貌、气候、植被等因素综合分析,绘制青海湖流域 1956～2000 年多年平均降水量等值线图,见附图 5。

2. 降水量的地区分布

从 1956～2000 年多年平均降水量等值线图可以看出,在流域北部大通山一带,年降水量 500 mm 左右,是全流域降水最多的地区,由此从北向南递减至湖滨一带;湖南岸则相反,由南向北递减;湖西岸至快尔玛一带降水略多,由此向西递减;湖东地区是背风坡,是降水量较少的区域。

2.2.1.7　分区降水量

根据 1956～2000 年系列评价,青海湖流域多年平均年降水量为 354.5 mm,相应的降水总量为 105.8 亿 m^3。分区降水量见表 2.2-10。

表 2.2-10　青海湖流域多年平均降水量基本特征

水资源分区	面积(万 km^2)	年降水量		C_v	C_s/C_v	不同频率降水量(mm)			
		mm	亿 m^3			20%	50%	75%	95%
布哈河上唤仓以上区	0.79	316.2	25.0	0.24	3.5	375.5	305.9	261.2	212.0
布哈河上唤仓以下区	0.80	342.3	27.4	0.22	3.5	400.3	333.3	289.1	239.0
湖南岸河区	0.17	378.8	6.4	0.19	3.5	436.0	367.8	322.2	269.4
倒淌河区	0.08	350.0	2.8	0.19	3.5	402.7	342.6	301.9	254.5
湖东岸河区	0.11	337.3	3.7	0.20	3.5	389.6	328.5	287.8	240.6
哈尔盖河区	0.24	445.8	10.7	0.17	3.5	506.5	438.4	391.4	335.2
沙柳河区	0.24	395.0	9.5	0.17	3.5	447.8	388.1	346.8	297.3
泉吉河区	0.11	340.0	3.7	0.17	3.5	386.2	334.4	298.5	255.6
湖区	0.43	386.0	16.6	0.18	3.5	441.3	378.8	336.1	285.5
青海湖流域	2.97	354.5	105.8	0.16	3.5	401.2	348.9	312.6	268.9

2.2.2 蒸发

2.2.2.1 蒸发站分布及资料状况

青海湖流域水面蒸发的分析计算共选用 27 个站,包括流域周围的 11 个站。其中选自水文部门的站点 18 处,气象部门站点 5 处,地质、农业部门站点 4 处。蒸发站点的分布极不均匀,气象站多设在平原城镇区,水文站多设在河流出山口处,大多集中在青海湖岸周边。

流域内资料长度在 50 年以上的蒸发站共有 2 个,41~50 年的有 1 个,31~40 年的有 2 个,21~30 年的有 4 个,资料长度在 20 年以下的站点共有 7 个,4 个站点的资料长度不足 10 年,插补延长存在难度,在绘制蒸发等值线时,仅作参考,见表 2.2-11。

表 2.2-11　青海湖流域蒸发站资料情况

分区	站名	资料来源	实测年限(年-月)	蒸发器型式
布哈河上唤仓以下区	天峻	气象站	1958~2007	20 cm 蒸发皿
	布哈河口	水文站	1958-04~2007 (1961-04~1964-03, 1996,1997,2004 年缺测)	1958~1979 年全年 20 cm 蒸发皿;1980~1990 年全年 20 cm 蒸发皿;非冰期 E_{601} 型蒸发器同步观测;1991~2007 年全年 E_{601} 型蒸发器,冰期 20 cm 蒸发皿同步观测
	吉尔孟	水文站	1960~1961	20 cm 蒸发皿
	上唤仓	水文站	1958~1967	20 cm 蒸发皿
	上唤仓 (三)	水文站	1968~1991 (1986~1991 年只在汛期观测)	1968~1979 年全年 20 cm 蒸发皿;1980~1985 年全年 20 cm 蒸发皿;非冰期 E_{601} 型蒸发器同步观测;1986~1991 年非冰期 E_{601} 型蒸发器和 20 cm 蒸发皿,冰期缺测
	下唤仓	水文站	1966~1968	20 cm 蒸发皿
湖南岸河区	黑马河	水文站	1966~1994 (1972 年,1991~1992 年缺测)	1966~1978 年全年 20 cm 蒸发皿;1979~1989 年全年 20 cm 蒸发皿,非冰期 E_{601} 型蒸发器同步观测;1993~1994 年冰期 20 cm 蒸发皿,非冰期缺测
	江西沟	气象站	1958~1961,1974~1990	20 cm 蒸发皿
	一郎剑	水文站	1966~1983	全年 20 cm 蒸发皿,1983 年非冰期 E_{601} 型蒸发器同步观测
	下社	水文站	1984~2007 (1996,1997,2004 年缺测)	1984~1990 年全年 20 cm 蒸发皿;非冰期 E_{601} 型蒸发器同步观测;1991~2000 年全年 20 cm 蒸发皿和 E_{601} 型蒸发器同步观测;2001~2007 年全年 E_{601} 型蒸发器,2002、2005 年 20 cm 蒸发皿同步观测

续表 2.2-11

分区	站名	资料来源	实测年限(年-月)	蒸发器型式
哈尔盖河区	大阪山	水文站	1959~1961	20 cm 蒸发皿
沙柳河区	刚察	气象站	1957-07~2007	20 cm 蒸发皿
	刚察	水文站	1965~2007 (1976~1980,1996, 1997,2004 年缺测)	1965~1975 年全年 20 cm 蒸发皿;1981~1990 年全年 20 cm 蒸发皿,非冰期 E$_{601}$ 型蒸发器同步观测;1991~2007 年全年 E$_{601}$ 型蒸发器,冰期 20 cm 蒸发皿同步观测
泉吉河区	沙陀寺	水文站	1958-04~1992	1968 年以前 20 cm 蒸发皿,非冰期 80 cm 蒸发皿同步观测;1969~1972 年 20 cm 和 80 cm 蒸发皿同步观测;1973~1979 年 20 cm 蒸发皿;1980~1990 年 20 cm 蒸发皿,非冰期 E$_{601}$ 型蒸发器同步观测;1991~1992 年 E$_{601}$ 型蒸发器
湖区	二郎剑	水文站	1957~1983 (1963~1966 年缺测)	1957~1958 年采用 80 cm 蒸发皿;1959~1978 年全年 20 cm 蒸发皿;1959 年非冰期 80 cm 蒸发皿同步观测;1979~1983 年全年 20 cm 蒸发皿,非冰期 E$_{601}$ 型蒸发器同步观测
	二郎剑 (三)	水文站	1963~1966	20 cm 蒸发皿,1963~1965 年非冰期 E$_{601}$ 型蒸发器同步观测
流域外	泽林沟	水文站	1959~1989	1989 年以前全年 20 cm 蒸发皿;1982~1989 年非冰期 E$_{601}$ 型蒸发器,冰期 20 cm 蒸发皿
	上尕巴	水文站	1979~2007	1979~1990 年 E$_{601}$ 型蒸发器和 20 cm 蒸发皿同步观测;1991~2007 年非冰期 E$_{601}$ 型蒸发器同步观测,冰期 20 cm 蒸发皿观测
	茶卡	气象站	1956~2000	全年 20 cm 蒸发皿
	沙珠玉	水文站	1960~1969	全年 20 cm 蒸发皿

续表 2.2-11

分区	站名	资料来源	实测年限(年-月)	蒸发器型式
流域外	海晏	水文站	1973~2000	1980 年以前 20 cm 蒸发皿；1981~1990 年非冰期20 cm 蒸发皿和 E_{601} 型蒸发器同步观测，冰期20 cm 蒸发皿；1991 年以后非冰期 E_{601} 型蒸发器，冰期 E_{601} 型蒸发器和 20 cm 蒸发皿同步观测
	尕日得	水文站	1973~2000	1985 年以前全年 20 cm 蒸发皿；1985~1990 年非冰期20 cm 蒸发皿和 E_{601} 型蒸发器同步观测，冰期20 cm 蒸发皿观测；1990 年以后非冰期 E_{601} 型蒸发器，冰期采用 20 cm 蒸发皿
	共和	气象站	1956~2000	全年 20 cm 蒸发皿
	热水	地质站	1971~1973	20 cm 蒸发皿
	大水桥	地质站		
	江仓	地质站		
	木里	农业站		

2.2.2.2 不同蒸发器水面蒸发折算系数

水面蒸发量主要取决于蒸发器的结构、大小、材料和安装方式，以及水面以上空气的湿度梯度、温度梯度、风速梯度和蒸发水体的温度等。在自然水面和标准蒸发器(皿)上，这些条件有很大差异，一般蒸发器所观测的蒸发量比天然水体的蒸发量大。因此，采用蒸发器(皿)测得的蒸发量不能直接替代自然水面的蒸发量，需要对不同型号蒸发器的水面蒸发量进行折算。E_{601} 型蒸发器是埋设在地表下带套盆的蒸发器，盆内面积 3 000 cm²，稳定性好，其观测值可近似看作水面蒸发能力。水资源评价以 E_{601} 型蒸发器为准，20 cm 蒸发皿观测值均折算为 E_{601} 型蒸发器数据。

20 世纪五六十年代除沙陀寺、二郎剑站曾采用 80 cm 和 20 cm 蒸发皿进行同步观测外，其余水文站全年只采用 20 cm 蒸发皿进行蒸发观测。1979~1990 年间，大部分观测站非冰期采用 E_{601} 型蒸发器和 20 cm 蒸发皿同步观测，冰期采用 20 cm 蒸发皿观测。进入20 世纪 90 年代之后，布哈河口、下社、刚察等水文站冰期采用 E_{601} 型蒸发器和 20 cm 蒸发皿同步观测，非冰期采用 E_{601} 型蒸发器。气象部门长期以来一直采用 20 cm 蒸发皿进行观测。

选取流域内系列较完整，且有 E_{601} 型蒸发器与 20 cm 蒸发皿对比观测资料的 4 处测站,作为分析周边各测站折算系数的主要依据。冬季 E_{601} 型蒸发器停测的站,采用蒸发参考站的折算系数,1~3月、11~12月分别采用4月、10月的折算系数。1980年以前没有 E_{601} 型蒸发器同步观测的站点,采用1980~1995年同步观测的折算系数进行折算。

青海湖流域水面年蒸发折算系数在0.53~0.77之间,见表2.2-12。水面蒸发折算系数年内变化较为明显,冰期即12月至次年3月,折算系数最小,青海湖流域冰期折算系数最小值为0.53。4月气温回升后为上升期,8~9月最大,6~7月介于中间,10~11月因降温为下降期,非冰期折算系数变化不大。无论是月、年还是冰期、非冰期,折算系数的年际变化均不明显。

表2.2-12　蒸发站折算系数统计

站名	1月	2月	3月	4月	5月	6月	7月	8月	9月	10月	11月	12月	年折算系数
布哈河口	0.54	0.54	0.54	0.56	0.69	0.72	0.73	0.74	0.77	0.67	0.57	0.56	0.64
刚察	0.57	0.58	0.58	0.63	0.60	0.64	0.65	0.64	0.64	0.60	0.59	0.59	0.61
沙陀寺	0.55	0.55	0.58	0.63	0.69	0.67	0.68	0.69	0.67	0.62	0.55	0.55	0.62
下社	0.54	0.54	0.53	0.55	0.69	0.72	0.73	0.74	0.73	0.72	0.61	0.58	0.64

2.2.2.3　水面蒸发量的时空分布

1. 多年平均水面蒸发量

利用 E_{601} 型蒸发器水面蒸发量,并参照地形、气候等因素,绘制青海湖流域1956~2000年多年平均水面蒸发量等值线图,见附图6。

2. 水面蒸发的地区分布

青海湖流域水面蒸发量的地区分布与降水量相反,即由东南向西北、由四周山区向流域中心递增。

3. 水面蒸发的年内分配

选取4处站点为代表,进行水面蒸发年内变化分析(水面蒸发量均为折算后的 E_{601} 型蒸发器蒸发量)。各代表站水面蒸发量年内分配见表2.2-13。

受气温、湿度等气象因素的综合影响,水面蒸发量的年内分配不均。大部分站点7月水面蒸发量最大,少数站点则在5月出现最大蒸发量,占全年总量的13%左右;最小月水面蒸发量出现在1月,占全年水面蒸发量的2.5%左右。连续最大4个月水面蒸发量出现在5~8月,占年水面蒸发量的50.7%~52.2%,且各月的水面蒸发量较为接近。

4. 水面蒸发量的年际变化

对蒸发代表站点水面蒸发量进行年际变化分析,代表站水面蒸发量年际变化统计详见表2.2-14。水面蒸发量的年际变化不大,变幅小于降水,较为稳定。最大年水面蒸发量与最小年水面蒸发量的极值比在1.50~1.76之间,变差系数 C_v 值在0.10~0.12之间。水面蒸发受气温、湿度、风速、辐射等气象因素及地形、地貌等下垫面条件的综合影响,各地水面蒸发量显示出明显的差异性和影响因素的复杂性,因此各地区间水面蒸发量最大年、最小年的出现时间同步性较差。

表 2.2-13　代表站平均水面蒸发量月、年统计

项目		布哈河口（水）	下社（水）	刚察（气）	天峻（气）
年内分配 （mm）	1 月	26.3	26.0	25.2	30.7
	2 月	35.5	34.3	35.8	40.6
	3 月	63.2	60.1	68.0	74.4
	4 月	103.2	87.4	105.3	109.9
	5 月	131.9	130.4	118.7	145.1
	6 月	123.7	129.4	117.5	135.6
	7 月	127.7	141.3	118.2	137.5
	8 月	120.0	134.4	106.9	131.2
	9 月	91.9	99.8	80.2	110.1
	10 月	72.3	89.1	62.0	80.8
	11 月	42.1	57.1	41.1	47.5
	12 月	31.0	37.3	30.3	35.2
年水面蒸发量(mm)		968.8	1 026.6	909.2	1 078.6
最大月	月份	5	7	5	5
	占年量（%）	13.2	13.8	13.1	13.5
最小月	月份	1	1	1	1
	占年量（%）	2.7	2.5	2.8	2.8
连续最大四个月	月份	5~8	5~8	5~8	5~8
	占年量（%）	52.0	52.2	50.7	50.9

表 2.2-14　代表站水面蒸发量年际变化统计表

站名	系列	C_v	平均年蒸发量（mm）	历年最大 蒸发量（mm）	年份	历年最小 蒸发量（mm）	年份	极值比
布哈河口水文站	1958~2007	0.10	968.8	1 171.1	1959	750.7	1989	1.56
下社水文站	1958~2007	0.10	1 026.6	1 203.4	1969	802.7	1959	1.50
刚察气象站	1958~2007	0.12	909.2	1 077.1	1979	703.0	1989	1.53
天峻气象站	1958~2007	0.11	1 078.6	1 320.5	1979	751.6	1989	1.76

2.2.2.4　干旱指数

干旱指数是反映某一地区气候干、湿程度的指标之一。在气候学上一般以各地年水面蒸发能力与年降水量的比值来表示。干旱指数与气候干、湿分带关系极为密切,通常干旱指数小于 1.0 时,说明该区域降水量超过水面蒸发能力,气候湿润或十分湿润;干旱指数在 1.0~3.0 之间时,说明该区域降水量接近水面蒸发能力,气候半湿润;干旱指数在 3.0~7.0 之间时,说明该区域水面蒸发能力大于降水量,气候偏于干旱;干旱指数大于

7.0 时,气候干旱,且干旱指数越大,气候干旱程度越强烈。表 2.2-15 给出了干旱指数与气候干、湿分带关系。

表 2.2-15　干旱指数划分标准

气候分带	十分湿润	湿润	半湿润	半干旱	干旱
干旱指数	<0.5	0.5~1.0	1.0~3.0	3.0~7.0	>7.0

青海湖流域干旱指数在 2~4 之间,见表 2.2-16。干旱指数随着海拔的增加、降水量的增大、水面蒸发量的减小而减小。湖周边区干旱指数 <3,属于半湿润区;流域西北部上唤仓以上区干旱指数 >3,属于半干旱区。划分结果与按降水量划带基本一致。

表 2.2-16　主要蒸发站干旱指数表

站名	系列	降水量	蒸发量	干旱指数
布哈河口水文站	1956~2007	377.9	999.2	2.64
下社水文站	1956~2007	380.1	1 037.1	2.73
刚察气象站	1956~2007	381.7	926.1	2.43
天峻气象站	1956~2007	340.2	1 082.2	3.18

2.2.3　地表水资源量

2.2.3.1　径流资料来源

青海湖流域属于内陆半干旱地区,水资源不丰富,流域总面积 2.97 万 km^2,水文站点相对较少,本次分析选用了 17 处观测站点的资料,流域内系统观测的水文站有上唤仓、布哈河口、下唤仓、吉尔孟、黑马河、哈尔盖、刚察、沙陀寺,共计 8 处,平均站网密度为 3 713 km^2/站;流域周边 9 处。青海湖流域水文站选用基本情况见表 2.2-17。

表 2.2-17　青海湖流域水文站选用基本情况表

分区	河流	测站名称	地理坐标		集水面积 （km^2）	实测年限(年-月)
			东经	北纬		
布哈河上唤仓以上区	布哈河	上唤仓	98°40′50″	37°26′42″	7 840	1958-08~1984、1985~1991 巡测
布哈河上唤仓以下区	布哈河	布哈河口	99°44′12″	37°02′13″	14 337	1957-05~2007
	江河	下唤仓	99°17′40″	37°14′20″	3 048	1958-05~1968-09
	吉尔孟河	吉尔孟	90°51′00″	37°48′00″	926	1958-05~1962-05
湖南岸河区	黑马河	黑马河	99°47′00″	36°43′23″	107	1958-11~1961、1964-08~1994
哈尔盖河区	哈尔盖河	哈尔盖	100°30′16″	37°14′25″	1 425	1958-05~1963
沙柳河区	沙柳河	刚察	100°07′49″	37°19′20″	1 442	1958-04~2007
泉吉河区	泉吉河	沙陀寺	99°52′35″	37°13′37″	567	1958-04~1961-10

续表 2.2-17

分区	河流	测站名称	地理坐标		集水面积（km²）	实测年限（年-月）
			东经	北纬		
流域周边参考站	沙珠玉河	沙珠玉	99°51′04″	36°21′15″	4 535	1958-09 ~ 1969
	哇洪河	哇洪	99°13′47″	36°17′35″	432	1957-05 ~ 1962-04、1972 ~ 1979-06
	切吉河	切吉	99°50′05″	36°04′26″	319	1957-05 ~ 1957-10、1958 ~ 1961
	大水河	大水	99°28′17″	36°43′42″	341	1959-02 ~ 1961-12
	湟水	海晏	101°00′28″	36°53′57″	636	1956 ~ 2007
	药水河	董家庄	101°16′20″	36°40′03″	636	1959 ~ 1963-06、1963-07 ~ 1969-11、1977-07 ~ 2007
	大通河	尕日得	100°31′11″	37°44′56″	4 576	1958-05 ~ 1984
	巴音河	泽林沟	97°44′28″	37°26′58″	5 544	1958-10 ~ 1983
	都兰河	上尕巴	98°34′37″	36°59′56″	1 107	1959-10 ~ 2007

受测站裁撤、迁移等影响，流域内径流选用站中有25年以上实测资料的有4个站点，有4~8年实测资料的有4个站点。此外，本次收集到大量有几次测流的站点资料以及水文地质部门观测的有水量资料的沟道28条，对上述资料多方面核实，使资料更全面。青海湖流域各选用沟道情况见表2.2-18。

表 2.2-18　青海湖流域各选用沟道基本情况表

水资源分区	名称	北纬	东经	水资源分区	名称	北纬	东经
布哈河上唤仓以下区	哈尔盖河区	37°09′14.4″	99°40′49.1″	湖南岸河区	塔温渠	36°39′24.8″	99°58′57.7″
	布哈河岔流	37°01′28.5″	99°42′58.1″		达不祖乎渠	36°38′55.4″	100°01′53.3″
	切吉尕曲	36°59′50″	99°37′11.7″		知可渠	36°38′10.3″	100°04′48.9″
湖南岸河区	尕日纳塘	36°56′12.3″	99°35′02.1″		哈力根河	36°37′13.9″	100°13′13.9″
	冬稞日	36°55′27.6″	99°35′39.7″		江西沟	36°37′7.25″	100°16′43.4″
	窝赤木陇哇	36°54′54″	99°36′16.9″	倒淌河区	加不大河	36°32′23.5″	100°38′34.0″
	里种波陇	36°53′48.6″	99°37′49.4″		倒淌河	36°34′31.6″	100°44′49.9″
	赛日曲陇哇	36°52′50.1″	99°39′01.6″	湖东岸河区	切吉曲	36°38′8.4″	100°52′49.9″
	哈达加木陇	36°52′24.2″	99°40′07.3″	哈尔盖河区	甘子河岔流	37°09′26.6″	100°32′21.9″
	鲁塞隆哇	36°47′45.4″	99°45′58.9″	沙柳河区	纳仁贡玛	37°18′54.2″	100°13′37.9″
	智海确河	36°42′18.7″	99°49′03.8″		黄玉渠首	37°17′3.6″	99°54′27.2″
	合力木河	36°42′07.8″	99°51′46.4″	泉吉河区	阿斯汗沟	37°15′26.3″	99°51′10.3″
	赛尔渠	36°41′31.2″	99°53′46.1″		泉吉陇哇	37°14′50.5″	99°47′59.5″
	无名沟	36°41′18.3″	99°54′24.1″		切吉沟	37°11′42.3″	99°46′07.8″

2.2.3.2　径流资料可靠性分析

径流资料主要来自水文部门整理汇编后的成果，以及农牧业区划、水文地质报告等。水文部门数据观测规范，且可靠性较高，其他部门的数据作参考使用。对选用的资料仍进行了审查，包括对极值的分析考证、站点迁移与合并处理、空间上的合理性对照等，进一步提高资料的可靠性。

对于断面有迁移的站,根据断面迁移的远近,区间有无大支流加入,若迁移后集水面积变化小于5%,两站资料直接合并统计。如布哈河上唤仓站于1957年5月设站,停测于1962年6月,集水面积8 013 km²;上唤仓(二)站于1962年7月设站,观测至1967年9月,集水面积8 253 km²;上唤仓(三)站于1967年10月设站,观测至1992年,集水面积7 840 km²。迁移后集水面积变化在5%以内,资料直接合并统计。

沙柳河刚察站于1958年4月设站,观测至1975年11月,集水面积1 361 km²;刚察(二)站于1976年1月设站,观测至今,集水面积1 442 km²。迁移后集水面积变化在5%以内,资料直接合并统计。

2.2.3.3　径流资料的插补延长

1. 资料的插补延长与均值订正

青海湖流域径流观测多数始于1958年,至今有布哈河口、刚察2处水文站仍在继续观测。本次年径流资料统计到2007年,以1956~2007年(52年)系列作为径流年际变化分析的时限。将6个站的观测资料插补延长至1956~2007年,对观测年限短的站点多年平均径流量采用比值法订正至1956~2007年。

根据水文站位置和气候、下垫面的差异,采用不同的途径和方法对缺测资料进行插补延长。具体采用以下几种方法。

1)上下游及相邻河流年径流相关分析法

发源于同一山脉的上下游及相邻河流,其水文气象条件及补给类型相似,相关关系较好,采用此法进行系列插补展延,相关系数一般在0.85以上。采用此种方法插补延长的有上唤仓、下唤仓、黑马河站等。

2)比值法

对于观测年限较短但又属于径流空白地区的参考站,则选用同一气候区的参证站,采用比值法修正多年平均值。采用此种方法插补延长的有吉尔孟、哈尔盖、沙陀寺站等。

2. 实测径流系列的还原计算

青海湖流域水文站大多上游山区人烟稀少,径流受人类活动影响较小,大部分站控制了流域天然径流及其变化过程,但少数水文站以上有工农业用水或受水利工程影响,观测的径流量偏小或改变了天然径流过程。为使河川径流量计算结果能基本反映天然情况,保证资料系列具有一致性,对出现上述情况站的实测径流量进行还原计算,并对结果作合理性分析后加以采用。还原计算结果见表2.2-19。

表2.2-19　青海湖流域多年平均径流还原计算成果表　　　　（单位:亿 m³）

站名	径流还原年限	实测径流量	平均还原量	天然年径流量	还原量/天然量（%）
布哈河口	1956~2007	7.930	0.062	7.992	0.8
刚察	1976~2007	2.365	0.192	2.557	7.5

布哈河口站以上农灌用水、生活用水、少量的工业用水等,总计还原耗水0.062亿 m³。

灌区引水渠绕过水文站断面,如永丰渠和刚北干渠位于刚察站以上,对其耗水进行还原。根据历年渠道实际引水资料进行水量还原处理。

2.2.3.4　径流系列代表性分析

青海湖流域水文站点观测始于 1958 年,再无历史更长的径流系列,只能以 1956 ~ 2007 年为最长的系列,通过对比分析长、短系列统计参数的差异,来间接论证 1956 ~ 2007 年系列的代表性。本次选用至今仍在观测的布哈河口、刚察站进行代表性分析。

1. 年径流累积均值过程线分析

年径流累积均值过程线代表系列年径流量均值的变化过程,随着系列长度的增加,其变幅越来越小,到相当长的时间后,变化逐渐趋于稳定。青海湖流域主要长系列站年径流累积均值过程线见图 2.2-3。

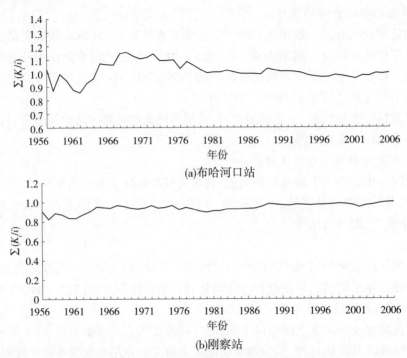

(a)布哈河口站

(b)刚察站

图 2.2-3　青海湖流域各长系列站年径流累积均值过程线图

布哈河口站到 1980 年的累积均值变化已趋于稳定,相对变幅范围减小到 0.01 ~ 0.04 之间;沙柳河刚察站到 1989 年累积均值变化趋于稳定,变幅范围在 0.01 ~ 0.05 之间。根据现有的 52 年系列资料,可以看出各站年径流系列趋于稳定的年数为 25 ~ 35 年。

2. 年径流长短系列统计参数对比分析

对布哈河口站、刚察站选取 1963 ~ 2007 年(45 年)、1968 ~ 2007 年(40 年)、1973 ~ 2007 年(35 年)、1978 ~ 2007 年(30 年)、1983 ~ 2007 年(25 年)、1988 ~ 2007 年(20 年)、1993 ~ 2007 年(15 年)、1998 ~ 2007 年(10 年)、2003 ~ 2007 年(5 年)九个系列资料进行统计参数计算。以这九个系列所计算的统计参数与 1956 ~ 2007 年 52 年长系列统计参数进行对比,结果见表 2.2-20。由表看出,1978 ~ 2007 年 30 年系列与 52 年系列均值之比

在0.94~1.04之间,均值已趋于稳定,随着系列长度的增加,年径流均值误差逐渐减小。1968~2007年40年系列与52年系列变差系数相比,C_v值的偏差在0~0.03之间,C_v值趋于稳定。

表2.2-20 青海湖流域代表站年径流长短系列统计参数对比表

起讫年份	年数	站名	q（亿 m^3）	C_v	K_q	ΔC_v	站名	q（亿 m^3）	C_v	K_q	ΔC_v
2003~2007	5	布哈河口	9.421	0.492	1.18	0.04	刚察	3.370	0.457	1.32	0.14
1998~2007	10		9.032	0.470	1.13	0.01		2.838	0.375	1.11	0.06
1993~2007	15		7.738	0.448	0.97	-0.01		2.770	0.324	1.08	0.01
1988~2007	20		8.060	0.523	1.01	0.07		2.822	0.382	1.10	0.07
1983~2007	25		7.932	0.483	0.99	0.03		2.805	0.348	1.10	0.03
1978~2007	30		7.490	0.483	0.94	0.03		2.660	0.355	1.04	0.04
1973~2007	35		7.437	0.467	0.93	0.01		2.601	0.355	1.02	0.04
1968~2007	40		7.637	0.451	0.96	0		2.583	0.343	1.01	0.03
1963~2007	45		8.084	0.479	1.01	0.02		2.609	0.331	1.02	0.02
1956~2007	52		7.992	0.456				2.557	0.315		

从累积均值及长短系列统计参数对比可以看出,青海湖流域两站30~40年径流系列与52年系列相比即具有较好的代表性,间接说明1956~2007年系列代表性良好。

2.2.3.5 年径流统计参数分析确定

均值一律采用算术平均值;长系列变差系数C_v值和偏态系数C_s的分析,先用矩法估算初值,然后进行P-Ⅲ型频率适线优选,适线时主要根据平、枯水点据趋势,对突出点据适当考虑。青海湖流域大部分站C_s/C_v为2.0,见表2.2-21。

表2.2-21 代表站1956~2007年径流统计参数及设计年径流量表

站名	统计参数			设计年径流量（亿 m^3）			
	均值（亿 m^3）	C_v	C_s/C_v	$P=20\%$	$P=50\%$	$P=75\%$	$P=95\%$
布哈河口	7.992	0.46	2	10.97	7.362	5.126	2.807
上唤仓	6.806	0.39	2	8.882	6.464	4.880	3.102
刚察	2.557	0.32	2	3.282	2.447	1.891	1.253
黑马河	0.112	0.78	2	0.1719	0.0897	0.0473	0.0146

对系列较短的站,统计其插补延长或订正的1956~2007年均值,C_v、C_s/C_v参考邻近站确定。

2.2.3.6　径流年内分配及年际变化

1. 径流的年内分配

径流年内分配主要影响因素是降水季节变化、流域径流形成区的地形、水文地质条件等。

青海湖流域大多数河流以降水和冰雪融水补给为主,受补给源的影响,径流年内分配不均匀,连续最大四个月径流量多出现在 6～9 月,其径流量占全年径流量的 62%～82%。最大月径流多出现在 7 月,其径流量可达年径流量的 25% 左右,最小月径流多发生在 1、2 月,约占全年径流量的 1%。见表 2.2-22。

2. 径流的年际变化

1)年际变幅

径流的年际变幅通常用变差系数 C_v 值、最大年径流量与最小年径流量比值来表示。河川径流的年际变化主要取决于区域水汽条件、河川径流的补给类型及流域的下垫面情况。

年径流变差系数受径流补给方式影响较大。青海湖流域大多数河流以雨水或冰雪融水补给为主,受降水影响,C_v 值在 0.32～0.78 之间,其年际变化较大,年径流极值比在4.32～9.53 之间,个别站较大,如黑马河高达 29.3。最大模比系数在 1.93～4.10 之间,最小模比系数在 0.14～0.45 之间。见表 2.2-23。

表 2.2-23　青海湖流域主要河流代表站年际变化统计参数表

河流名称	测站名称	集水面积(km²)	多年平均径流量(亿 m³)	天然年径流量(亿 m³)				极值比	最大模比系数	最小模比系数
				实测最大	年份	实测最小	年份			
布哈河	布哈河口	14 337	7.992	19.55	1989	2.051	1973	9.53	2.45	0.26
布哈河	上唤仓	7 840	6.806	13.34	1967	3.091	1959	4.32	1.96	0.45
沙柳河	刚察	1 442	2.557	4.941	1989	1.054	1979	4.69	1.93	0.41
黑马河	黑马河	107	0.112	0.459 5	1989	0.015 7	1978	29.3	4.10	0.14

注:最大模比系数 = 实测最大/多年平均径流量;最小模比系数 = 实测最小/多年平均径流量。

2)不同年代径流分析

青海湖流域大多数河流年径流量 1956～1959 年、1970～1979 年、1990～1999 年偏枯,1960～1969 年、1980～1989 年、2000～2007 年偏丰。主要河流代表站不同年代径流变化分析见表 2.2-24。

2.2.3.7　径流系列选取

对比 1956～2000 年系列与 1956～2007 年系列,1956～2000 年系列径流量偏小,且各代表站两个系列相差大部分在 5% 以内,见表 2.2-25。

将有水文实测资料的布哈河口站和刚察站径流系列由 1956～2007 年系列延长至1956～2010 年,两站系列延长后多年平均天然径流量与 1956～2000 年系列相比分别增加了 3.35% 和 4.07%。1956～2010 年系列与 1956～2000 年系列天然径流量无明显趋势变化,见表 2.2-25。

表 2.2-22　青海湖流域径流代表站天然年径流量月分配表

测站名称	河流名称	逐月平均流量(m³/s)												年径流量(亿m³)	连续最大四个月径流占年径流量比例(%)	出现月份
		1月	2月	3月	4月	5月	6月	7月	8月	9月	10月	11月	12月			
布哈河口	布哈河	2.456	2.352	2.489	3.457	10.54	33.99	82.2	76.9	54.91	22.67	6.840	3.041	7.992	82.1	6~9
年内分配(%)		0.8	0.8	0.8	1.1	3.5	11.3	27.2	25.5	18.2	7.5	2.3	1.0	100		
上唤仓	布哈河	1.952	1.929	3.138	9.918	20.80	38.73	66.22	53.87	36.25	14.78	6.074	2.830	6.806	76.0	6~9
年内分配(%)		0.8	0.7	1.2	3.9	8.1	15.1	25.8	21.0	14.1	5.8	2.4	1.1	100		
刚察	沙柳河	0.323 2	0.198 2	0.806 5	3.674	6.345	11.93	23.2	21.5	17.16	8.100	3.094	0.923 4	2.557	75.8	6~9
年内分配(%)		0.3	0.2	0.8	3.7	6.6	12.0	24.2	22.4	17.3	8.4	3.1	1.0	100		
黑马河	黑马河	0.003 3 5	0.001 8 0	0.026 2	0.094 4 0	0.472 9	1.034	0.869 6	0.624 6	0.496 3	0.236 5	0.114 5	0.020 8	0.112	75.5	6~9
年内分配(%)		0.1	0	0.7	2.3	12.0	25.4	22.1	15.9	12.2	6.0	2.8	0.5	100		
哈尔盖	哈尔盖河	0.897 0	0.851 4	2.292	3.086	3.678	4.512	10.90	8.020	5.162	3.356	2.138	1.344	1.308	61.9	6~9
年内分配(%)		2.0	1.7	5.0	6.5	8.1	9.6	23.9	17.6	10.9	7.3	4.5	2.9	100		

表 2.2-24　青海湖流域主要河流代表站不同年代径流变化分析　　（单位:亿m³）

河流名称	测站名称	1956~1959年		1960~1969年		1970~1979年		1980~1989年		1990~1999年		2000~2007年		1956~2007年
		径流量	距平(%)	径流量	距平(%)	径流量	距平(%)	径流量	距平(%)	径流量	距平(%)	径流量	距平(%)	径流量
布哈河	布哈河口	7.564	-5.4	9.569	19.7	7.102	-11.1	8.389	5.0	6.559 0	-17.9	8.640	8.1	7.992
布哈河	上唤仓	5.28	-22.4	7.701	13.2	6.537	-4.0	7.261	6.7	5.925 0	-12.9	7.322	7.6	6.806
沙柳河	刚察	2.228 0	-12.9	2.473 0	-3.3	2.202 0	-13.9	2.974 0	16.3	2.547 0	-0.4	2.766 0	8.2	2.557
黑马河	黑马河	0.138	23.1	0.131	16.7	0.081 9	-26.8	0.138 1	23.4	0.076 9	-31.3	0.124 3	11.1	0.112

从水资源开发利用安全角度出发,并考虑与全国水资源综合规划的一致,本次研究青海湖流域多年平均径流量采用 1956～2000 年系列。

表 2.2-25　不同时间系列青海湖流域多年平均径流量对比

站名	集水面积 (km²)	1956～ 2000 年 (亿 m³)	1956～ 2007 年 (亿 m³)	1956～2000 年与 1956～2007 年 相对差值(%)	1956～ 2010 年 (亿 m³)	1956～2000 年与 1956～2010 年 相对差值(%)
布哈河口	14 337	7. 821	7. 992	2. 14	8. 083	3. 35
上唤仓	7 840	6. 680	6. 806	1. 85		
下唤仓	3 048	2. 878	2. 925	1. 61		
刚察	1 442	2. 507	2. 557	1. 96	2. 609	4. 07
哈尔盖	1 425	1. 308	1. 334	1. 95		
黑马河	107	0. 108 6	0. 112	2. 95		
吉尔孟	926	0. 491	0. 505 6	2. 89		
沙陀寺	567	0. 220 8	0. 231 9	4. 79		

2. 2. 3. 8　年径流地区分布

1. 年径流深等值线图的绘制

根据 1956～2000 年径流资料、调查资料,参考降水量的地区分布、地形以及植被变化等绘制 1956～2000 年径流深等值线图,见附图 7。选择主要河流的控制站,用等值线量算控制站以上流域的水量,与控制站还原后的水量比较,调整等值线使两者之间的误差小于 ±1%,保证等值线图的精度。

2. 年径流的区域分布特点

青海湖流域年径流深在地域上的分布规律与降水基本一致。流域径流深在 50～200 mm 之间,径流深的分布特点是由西北向东南递减,即湖西北部大,湖东南部小,山丘区大,湖滨及河谷平原区小。其高值区有两个,一个在沙柳河上游区,径流深为 200 mm,另一个高值区在湖南岸黑马河地区,径流深为 100 mm 左右;径流深最小的地区为湖东南区,其值小于 50 mm。

2. 2. 3. 9　分区地表水资源量

青海湖流域总面积 2. 97 万 km²,其中山丘区面积 2. 26 万 km²,平原区面积 0. 71 万 km²。在计算分区地表水资源量时,若分区内有水文测站,水文站断面以上区域地表水资源量采用还原后的 1956～2000 年系列径流量值;对资料条件较差的沟道,采用核实后的天然径流量值;对其他没有控制的地区,根据等值线图量算产水量。

分区不同保证率年径流系列的计算思路为:将分区内主要控制站 1956～2000 年径流系列或相邻分区的水文站系列进行水量缩放,推求出分区的径流系列,然后将各四级分区同步期系列中同一年份的年径流相加,得出全流域 1956～2000 年径流系列。

由于布哈河下游河道分流和渗漏损失,采用布哈河流域内上唤仓、下唤仓、吉尔孟水文站资料计算布哈河流域地表水资源量。上唤仓、下唤仓、吉尔孟水文站三站控制面积 11 814 km²，年径流量 10.05 亿 m³；未控区面积 4 086 km²，年径流量 1.32 亿 m³；布哈河的地表水资源量为 11.37 亿 m³。

经计算，青海湖流域 1956~2000 年多年平均地表水资源量 17.81 亿 m³。不同频率的地表水资源量分别为：丰水年（$P=20\%$）为 23.12 亿 m³，平水年（$P=50\%$）为 16.96 亿 m³，偏枯年（$P=75\%$）为 12.91 亿 m³，枯水年（$P=95\%$）为 8.32 亿 m³。见表 2.2-26。

表 2.2-26　青海湖流域多年平均分区地表水资源量基本特征值

水资源分区	面积（万 km²）	地表水资源量（亿 m³）	径流深（mm）	C_v	C_s/C_v	不同频率地表水资源量（亿 m³）			
						20%	50%	75%	95%
布哈河上唤仓以上区	0.79	6.70	84.8	0.39	2	8.75	6.37	4.81	3.05
布哈河上唤仓以下区	0.80	4.67	58.4	0.49	2	6.09	4.44	3.35	2.13
湖南岸河区	0.17	1.02	59.8	0.78	2	1.56	0.82	0.44	0.14
倒淌河区	0.08	0.12	15.1	0.78	2	0.18	0.10	0.05	0.02
湖东岸河区	0.11	0.25	22.9	0.78	2	0.38	0.20	0.11	0.03
哈尔盖河区	0.24	1.59	66.0	0.36	2	2.03	1.51	1.17	0.77
沙柳河区	0.24	2.88	120	0.36	2	3.70	2.76	2.13	1.41
泉吉河区	0.11	0.58	53.1	0.36	2	0.74	0.56	0.43	0.28
青海湖流域	2.97	17.81	60.0	0.38	2	23.12	16.96	12.91	8.32

2.2.4　地下水资源量

2.2.4.1　地下水的补给、径流与排泄

1. 地下水的补给

青海湖流域四周环山，中央开阔而平坦的环湖山前平原微切湖心，形成一个相对封闭的区域水循环系统。流域内降水随地势的升高而递增，气温和蒸发量则随地势的升高而明显下降，在 3 800 m 以上的山区，气温常年处于 0 ℃ 以下，而且空气潮湿，降雨相对充沛。这种特殊的气候特点，决定了流域大气降水补给地下水主要发生在山区，平原区补给所占比例甚微。

2. 地下水径流

从基岩山区边缘至流域平原砾石带前缘一般划为径流区。地下水径流方向具一定规律性，山区地下水一般向河谷或山间谷地方向流动；山前冲洪积平原潜水、冲湖积平原承压—自流水向流域对应湖区流动。径流区一般堆积着较厚的透水性良好、岩性单一的松散砂砾石及砂层，地表水转变为地下水后以潜流的方式流向流域低洼处。

3. 地下水的排泄

冲洪积扇前缘由于地形变缓，地下水位变浅，含水层颗粒逐渐变细而成为地下水主要排泄地段。在此地下水成片状或面状溢出地表而形成沼泽、湿地。流域中心的青海湖是

地下水排泄的集中点。

另外,潜水蒸发和植物蒸腾作用也是地下水的一种排泄方式,细土带前缘地下水位一般埋藏较浅,地下水沿毛细管上升至地表蒸发排泄。

2.2.4.2　山丘区地下水资源量

山丘区地下水资源量计算采用排泄量法,近似等于河川基流量、山前基岩裂隙水侧向排泄量、水文站断面或出山口处的河床潜流量、浅层地下水实际开采量和潜水蒸发量等各排泄量之和。青海湖流域山区多数为高寒冻土地区,潜水蒸发量、浅层地下水开采量极小可忽略不计,山前泉水溢出量在山区径流量量算(等值线法)中已进行了考虑。

1. 河川基流量

河川基流量是指河川径流量中由地下水渗透补给河水的部分,是青海湖流域山丘区地下水的主要排泄量。选用具有代表性的水文站逐日河川径流量观测资料,通过分割河川径流过程线的方法计算河川基流量。单站基流切割将直线斜割法、改进加里宁试算法、最小枯季法三种方法相互比较进行。最小枯季法反映了年内基流量下限,防止直线斜割法切割结果过小;改进加里宁试算法处理多峰型流量过程效果较好,与直线斜割法切割过程线变化较一致,减少了直线斜割法存在的人为因素。最终成果仍按第二次水资源调查评价的统一要求,采用直线斜割法。

根据对青海湖流域代表站逐年河川基流量分割成果,建立该站河川径流量(R)与河川基流量(R_g)的关系曲线,即 $R \sim R_g$ 关系曲线,再根据该站河川径流量从 $R \sim R_g$ 关系曲线中查算逐年河川基流量,部分单站 $R \sim R_g$ 关系曲线见图 2.2-4。可以看出,基流与河川径流关系稳定。

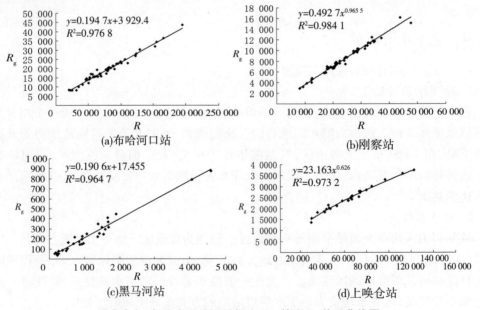

图 2.2-4　部分水文站河川径流 $R \sim$ 基流 R_g 关系曲线图

青海湖流域主要水文站河川基流量分割成果见表 2.2-27。

表 2.2-27 　青海湖流域水文站河川基流量分割成果表 　　（水量单位：万 m³）

序号	河流名称	站名	集水面积	切割年数	年均径流量（切割年份）	年均基流量	基径比R_g/R（%）	基流模数（万 m³/km²）
1	布哈河	布哈河口	14 337	48	79 307.9	19 367.3	24.4	1.4
2	布哈河	上唤仓	7 840	26	68 862.2	24 369.2	35.4	3.1
3	江河	下唤仓	3 048	8	33 678.8	8 049.7	23.9	2.6
4	吉尔孟河	吉尔孟	926	2	3 518.2	1 802.8	51.2	1.9
5	黑马河	黑马河	107	31	1 116.3	230.2	20.6	2.2
6	沙柳河	刚察	1 442	48	24 509.7	8 512.6	34.7	5.9
7	哈尔盖河	哈尔盖	1 425	5	12 857.6	5 329.2	41.4	3.7

　　河川基流量主要由枯季河川基流量组成，枯季河川基流量又近似等于枯季径流量，占总基流量的 70%～80%。由表 2.2-27 可看出布哈河上游上唤仓与下游布哈河口两站年均基流量之间产生矛盾，如图 2.2-5 可知，上唤仓站枯季径流量大于布哈河口站。对上唤仓、布哈河口两站 1959～1974 年 1～5 月、11～12 月枯季径流量进行统计，得上唤仓站多年平均枯季径流量为 9 067.6 万 m³，布哈河口站为 6 088.7 万 m³，与图 2.2-5 成果反映一致，则上唤仓站年均河川基流量也应大于布哈河口站，其结果与表 2.2-27 切割成果一致。由《区域水文地质报告》天峻幅可知，布哈河中游地段会出现断流情况，其下游水文站所测的河流流量为上游河谷潜水的泄出量，另外下游段塔特尔曲的分流，使布哈河口站所测水量减少，再加上布哈河河道渗漏较大，导致出现上述情况。

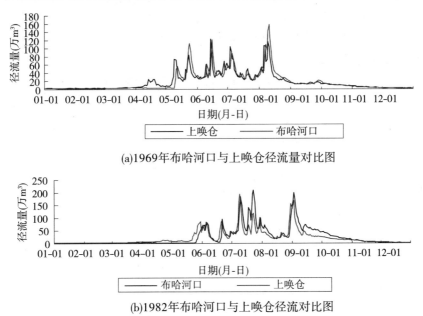

(a)1969年布哈河口与上唤仓径流量对比图

(b)1982年布哈河口与上唤仓径流对比图

图 2.2-5 　上唤仓站与布哈河口站部分年份径流量对比图

在单站河川基流量计算的基础上,计算各计算分区的区域河川基流量。对有水文站控制的地区,采用基径比查算河川基流量;对未被水文站控制的地区,采用相似地区的基径比查算河川基流量。经计算,青海湖流域多年平均河川基流总量为 5.646 9 亿 m³,见表 2.2-28。

表 2.2-28　山丘区河川基流量计算成果表

水资源分区	山丘区径流量(亿 m³)	采用基径比(%)	区域河川基流量(亿 m³)
布哈河上唤仓以上区	6.680 0	35.4	2.364 7
布哈河上唤仓以下区	4.155 0	30.5	1.267 3
湖南岸河区	0.796 7	20.6	0.164 1
倒淌河区	0.107 9	20.6	0.022 2
湖东岸河区	0.180 3	38.7	0.069 8
哈尔盖河区	1.483 0	41.4	0.614 0
沙柳河区	2.747 0	34.7	0.953 2
泉吉河区	0.552 1	34.7	0.191 6
青海湖流域	16.702 0	—	5.646 9

2. 基岩裂隙水侧向排泄量

根据《青海省青海湖盆地区域水文地质普查报告》中海晏幅观 3、8、19、29 孔,天峻幅观 S28、ZK7、ZK11、ZK8 孔,共和幅观 1、8、10、11、13 孔和《青海湖盆地环湖地区水文地质图》中接近山丘与平原区边界具有代表性的 17 孔资料,利用其单孔实际抽水所取得的涌水量、影响半径资料,计算整个断面上的单宽涌水量,根据环湖区各分区山丘与平原交汇长度,推算盆地山前基岩裂隙水侧向补给量。经量算青海湖盆地基岩裂隙水侧渗量为 1.446 2 亿 m³,详情见表 2.2-29。

表 2.2-29　青海湖盆地基岩裂隙水侧向排泄量计算成果表

三级区	四级区	参考孔号 青海湖盆地环湖地区水文地质图	参考孔号 青海湖盆地区域水文地质普查报告	钻孔涌水量(万 m³/d)	影响宽度(km)	单宽涌水量(万 m³/km)	径流宽度(km)	基岩裂隙水侧向排泄量(亿 m³)
青海湖流域	布哈河上唤仓以上区							
	布哈河上唤仓以下区	18	ZK8、S28	0.028 3	0.342	0.082 7	42.9	0.129 5
	湖南岸河区 黑马河以东	43、44、46	ZK11	0.049 8	0.729	0.068 3	73.8	0.184 0
	湖南岸河区 江西沟至安置农场	54、60、62	1、8、11	0.090 2	0.570	0.158 2	90.8	0.524 3
	湖南岸河区 合计							0.708 3
	倒淌河区	63、64	13	0.003 3	0.195	0.016 9	36.2	0.022 3
	湖东岸河区	73	10	0.006 3	0.156	0.040 4	118.3	0.174 4
	哈尔盖河区	27、32、41	19、29	0.046 8	0.463	0.101 1	51.7	0.190 8
	沙柳河区	2、14	3、8	0.018 1	0.319	0.056 7	68.7	0.142 1
	泉吉河区	8、9	ZK7	0.018 6	0.286	0.065 0	33.2	0.078 8
	青海湖流域合计							1.446 2

3. 河床潜流量

河床潜流量计算采用剖面法,利用达西公式计算。

河床潜流量计算资料的主要依据有《青海省青海湖盆地区域水文地质普查报告》、《青海省青海湖盆地1:20万区域综合水文地质图(1978～1983年)》、《青海省青海湖流域环湖地区地下水分布规律及开发利用研究报告》、《青海省青海湖流域环湖地区水文地质图(1981年)》等成果。

本次评价在地质部门以往钻孔资料中,选取以上报告中接近山丘与平原区边界、具有代表性的钻孔,根据钻孔含水层厚度、含水层岩性、渗透系数、潜水位等基本资料,对边界剖面的透水情况进行分析,综合确定侧向排泄量剖面宽度。

经计算,河床潜流量为1.4519亿 m³。青海湖流域部分具有钻孔资料的主要河流河床潜流量计算成果见表2.2-30,表中主要河流河床潜流量总量控制青海湖流域总量近67%。对于盆地内其他无钻孔资料的河流、沟道,其河床潜流量主要依据相邻主要河流与径流量比例进行类比,参证河流选取主要考虑相邻地区、河床地质条件近似、河床径流量大致接近等因素,详见表2.2-31。

表 2.2-30　青海湖流域部分具有钻孔资料的主要河流河床潜流量计算成果表

河流	山丘区河川径流量(亿 m³)	K(m/d)	I(‰)	B(km)	H(m)	河床潜流量(亿 m³)	潜径比(%)
布哈河	7.9308	60.98	3.5	16.2	63.84	0.8057	10.2
沙柳河	2.5887	18.58	10	2.6	46.2	0.0845	3.3
甘子河	0.1109	17.89	2.6	3.2	40.97	0.0223	20.1
哈尔盖河	1.3080	21.58	8	1.2	32.5	0.0246	1.9
泉吉河	0.1769	12.55	7.8	2	23.27	0.0166	9.4
黑马河	0.1116	16.8	3	3.1	30.98	0.0177	15.9
倒淌河	0.1000	1.8	2	2.2	45.98	0.0013	1.3
合计	12.3269					0.9727	

表 2.2-31　青海湖流域各分区潜流量计算成果表　　　　(单位:亿 m³)

三级区	水资源分区	沟道径流量总和	潜径比(%)	沟道潜流量	主要河流潜流量	区域合计
青海湖流域	布哈河上唤仓以上区	0	0	0	0	0
	布哈河上唤仓以下区	2.9040	10.2	0.2962	0.8057	1.1019
	湖南岸河区	0.6851	15.9	0.1089	0.0177	0.1266
	倒淌河区	0.0790	1.3	0.0001	0.0013	0.0014
	湖东岸河区	0.1803	14.6	0.0263	0	0.0263
	哈尔盖河区	0.0641	11.2	0.0072	0.0469	0.0541
	沙柳河区	0.1583	3.3	0.0052	0.0845	0.0897
	泉吉河区	0.3752	9.4	0.0353	0.0166	0.0519
青海湖流域合计		4.4460		0.4792	0.9727	1.4519

综上所述,山丘区河川基流量、山前基岩裂隙水侧向排泄量、河床潜流量三项合计,青海湖盆地山丘区多年平均地下水资源量为 8.545 0 亿 m³。

2.2.4.3 平原区地下水资源量

平原区地下水采用补给法计算。补给量包括降水入渗补给量、河道渗漏补给量、山前侧向补给量、渠系渗漏补给量、田间入渗补给量。

1. 降水入渗补给量

降水入渗补给量是指降水入渗土壤后(包括坡面漫流和填洼水),形成的重力水下渗补给地下水的量。降水入渗补给量一般采用下式计算:

$$Q_降 = 10^{-1} \cdot a \cdot P \cdot F$$

式中:$Q_降$ 为降水入渗补给量;a 为降水入渗补给系数(无因次);P 为降水量;F 为接受降水计算面积。

青海湖流域水文地质参数的试验观测资料较少,在确定降水入渗补给系数时主要参照《青海省水资源评价报告》,再根据实地具体情况进行适当调整。降水入渗补给量计算成果见表 2.2-32。经计算,青海湖流域平原区多年平均降水入渗补给量为 0.921 9 亿 m³。

表 2.2-32　青海湖流域平原区降水入渗补给量计算成果表

三级区	四级区	面积 (万 km²)	计算面积 F(万 km²)	降水入渗 补给系数 a	补给区平均 降水量(mm)	降水入渗补 给量(亿 m³)
青海湖流域	布哈河上唤仓以上区	0.79	0	0	0	0
	布哈河上唤仓以下区	0.80	0.051 1	0.09	330	0.151 8
	湖南岸河区	0.17	0.056 9	0.08	398	0.181 2
	倒淌河区	0.08	0.002 1	0.07	305	0.004 5
	湖东岸河区	0.11	0.073 3	0.08	333	0.195 3
	哈尔盖河区	0.24	0.042 3	0.13	340	0.187 0
	沙柳河区	0.24	0.043 5	0.09	399	0.156 2
	泉吉河区	0.11	0.014 8	0.08	388	0.045 9
青海湖流域		2.97	0.714 0			0.921 9

2. 山前基岩裂隙水侧向补给量

平原区山前基岩裂隙水侧向补给量等于山区山前基岩裂隙水侧向排泄量。具体计算见山丘区。青海湖盆地平原区山前基岩裂隙水侧向补给量为 1.446 2 亿 m³。

3. 河床潜流补给量

如前所述,自水文站断面或出山口处,河床潜流补给平原区的水量为 1.451 9 亿 m³。

4. 地表水体补给量

地表水体补给量是指河道渗漏补给量、灌溉入渗补给量之和。为计算平原区地下水资源量与上游山丘区地下水资源量间的重复计算量,参照《全国水资源综合规划》,由河川基流量形成的地表水体补给量,可根据地表水体中河川基流量占河川径流量的比率确定。

1)灌溉入渗补给量

灌溉入渗补给量主要由渠系渗漏补给量和渠灌田间入渗补给量组成。青海湖流域主要灌区都位于平原区内,采用补给系数法计算,灌溉水量对地下水体的补给量为0.249 2亿 m^3。

2)河道渗漏补给量

河道渗漏补给量计算时结合《青海省青海湖流域环湖地区地下水分布规律及开发利用研究报告》及《区域地质普查报告》推算主要河流的河道入渗率。由资料可知,流域内河流的渗漏率不尽相同,如哈尔盖河、沙柳河、泉吉河、布哈河等河流,出山口单位长度的渗漏量分别为150 L/(s·km)、65.1 L/(s·km)、5.4 L/(s·km)、143 L/(s·km)。对于流域其他小河、沟道,根据野外地表水实际测流资料,分为两种类型:一类是河流短而流量小,河流不到湖就干枯,除水面蒸发外,河水的80%～90%渗漏补给了地下水。另一类是河流较长,河水能够经常流入湖,河水的15%～30%渗入地下补给了地下水。经计算,青海湖流域河流出山后河道渗漏补给量为3.503 7亿 m^3。

综上所述,青海湖流域平原区多年平均地下水总补给量7.572 9亿 m^3。

2.2.4.4　地下水资源总量

青海湖流域多年平均地下水资源总量为12.10亿 m^3。其中,山丘区地下水资源量为8.52亿 m^3,平原区地下水资源量为7.58亿 m^3,平原区与山丘区地下水之间重复量为4.00亿 m^3,详情见表2.2-33。

2.2.5　水资源总量

水资源总量为当地降水形成的地表和地下产水量,即地表径流量与降水入渗补给地下水量之和。根据水量平衡公式,水资源总量由两部分组成:一部分为河川径流量,即地表水资源量;另一部分为降雨入渗补给地下水而未通过河川基流排泄的水量,即地下水资源量中与地表水资源量计算之间的不重复量。

1956～2000年青海湖流域多年平均分区水资源总量为21.63亿 m^3,分区地表水资源量为17.81亿 m^3,分区地表水与地下水之间不重复计算量为3.82亿 m^3。从地区分布来看,青海湖流域分区水资源总量主要分布于布哈河上唤仓以上区、布哈河上唤仓以下区及沙柳河区等,这三个区水资源量分别占青海湖流域分区水资源总量的31.0%、28.0%和15.1%。青海湖流域水资源总量见表2.2-34。

青海湖流域不同频率的水资源总量分别为:丰水年(P=20%)为28.07亿 m^3,平水年(P=50%)为20.59亿 m^3,偏枯年(P=75%)为15.66亿 m^3,枯水年(P=95%)为10.12亿 m^3,见表2.2-35。

表2.2-33 青海湖流域地下水资源量计算表

（单位：面积，万 km²；水量，亿 m³）

| 水资源分区 | | 山丘区 | | | 排泄量 | | | 平原区 | 补给量 | | | | | 地表水体补给量 | | 合计 | 山丘与平原区重复量 | 分区地下水资源量 |
三级区	四级区	面积	计算面积	合计	基岩裂隙水侧渗量	河床潜流量	河川基流量	计算面积	降水入渗补给量	河床潜流量	基岩裂隙水侧渗量	河道渗漏补给量	灌溉入渗补给量	小计	其中:河川基流形成的补给量	合计		
青海湖流域	布哈河上唤仓以上区	0.79	0.79	2.36	0	0	2.36	0	0	0	0	0	0	0	0	0	0	2.36
	布哈河上唤仓以下区	0.80	0.75	2.50	0.13	1.10	1.27	0.05	0.15	1.10	0.13	2.24	0	2.24	0.68	3.62	1.91	4.21
	湖南岸河区	0.17	0.11	1.00	0.71	0.13	0.16	0.06	0.18	0.13	0.71	0.30	0	0.30	0.06	1.32	0.90	1.42
	倒淌河区	0.08	0.08	0.04	0.02	0	0.02	0	0	0.02	0.02	0.02	0	0.02	0	0.05	0.03	0.06
	湖东岸河区	0.11	0.04	0.27	0.17	0.03	0.07	0.07	0.20	0.03	0.17	0.16	0.01	0.18	0.06	0.57	0.26	0.58
	哈尔盖河区	0.24	0.20	0.85	0.19	0.05	0.61	0.04	0.19	0.05	0.19	0.30	0.08	0.38	0.12	0.81	0.37	1.29
	沙柳河区	0.24	0.20	1.18	0.14	0.09	0.95	0.04	0.16	0.09	0.14	0.36	0.13	0.49	0.13	0.88	0.36	1.70
	泉吉河区	0.11	0.10	0.32	0.08	0.05	0.19	0.01	0.05	0.05	0.08	0.13	0.03	0.15	0.04	0.33	0.17	0.48
	湖区	0.43	—	—	—	—	—	—	—	—	—	—	—	—	—	—	—	—
青海湖流域		2.97	2.27	8.52	1.44	1.45	5.63	0.71	0.93	1.45	1.45	3.50	0.25	3.75	1.10	7.58	4.00	12.10

表 2.2-34 青海湖流域水资源总量表

水资源分区	面积（万 km²）	计算面积（万 km²）①	天然年径流量（亿 m³）②	山丘区地下水资源量（亿 m³）③	山丘区河川基流量（亿 m³）④	平原区降水入渗补给量（亿 m³）⑤	平原区降水入渗补给形成的河道排泄量（亿 m³）⑥	地下水资源与地表水资源不重复量（亿 m³）⑦=③+⑤-④-⑥	分区水资源总量（亿 m³）⑧=②+⑦	产水模数（万 m³/km²）
布哈河上峻仓以上区	0.79	0.790 0	6.702 5	2.364 7	2.364 7	0	0	0	6.702 5	8.5
布哈河上峻仓以下区	0.80	0.748 9	4.670 0	2.498 7	1.267 3	0.151 8	0	1.383 2	6.053 2	7.6
湖南岸河区	0.17	0.113 1	1.017 3	0.999 0	0.164 1	0.181 2	0	1.016 1	2.033 4	12.0
倒淌河区	0.08	0.077 9	0.120 5	0.045 9	0.022 2	0.004 5	0	0.028 2	0.148 7	1.9
湖东岸河区	0.11	0.036 7	0.251 9	0.270 5	0.069 8	0.195 3	0	0.396 0	0.647 9	5.9
哈尔盖河区	0.24	0.197 7	1.585 0	0.858 9	0.614 0	0.187 0	0	0.431 9	2.016 9	8.4
沙柳河区	0.24	0.196 5	2.881 0	1.185 0	0.953 2	0.156 2	0	0.388 0	3.269 0	13.6
泉吉河区	0.11	0.095 2	0.584 1	0.322 3	0.191 6	0.045 9	0	0.176 6	0.760 7	6.9
湖区	0.43	0	0	0	0	0	0	0	0	0
青海湖流域	2.97	2.256 0	17.812 3	8.545 0	5.646 9	0.921 9	0	3.820 0	21.632 3	7.3

表 2.2-35　　青海湖流域各分区水资源总量特征值表

水资源分区	面积 （万 km²）	统计参数			不同频率水资源总量（亿 m³）			
		均值	C_v	C_s/C_v	20%	50%	75%	95%
布哈河上唤仓以上区	0.79	6.70	0.39	2	8.75	6.36	4.80	3.06
布哈河上唤仓以下区	0.80	6.05	0.49	2	8.31	5.58	3.88	2.13
湖南岸河区	0.17	2.03	0.78	2	3.11	1.64	0.87	0.27
倒淌河区	0.08	0.15	0.78	2	0.23	0.12	0.06	0.02
湖东岸河区	0.11	0.65	0.78	2	0.99	0.52	0.28	0.09
哈尔盖河区	0.24	2.02	0.36	2	2.59	1.93	1.49	0.99
沙柳河区	0.24	3.27	0.36	2	4.20	3.13	2.58	1.61
泉吉河区	0.11	0.76	0.36	2	0.98	0.73	0.56	0.37
湖区	0.43	—						
青海湖流域	2.97	21.63	0.38	2	28.07	20.59	15.66	10.12

2.3　水资源质量

2.3.1　污染源排放量及入河量

2.3.1.1　点污染源排放量

　　现状年（2010 年）青海湖流域点污染源废污水排放总量为 131.17 万 t，其中生活污水排放 118.09 万 t，占总排放量的 90.0%；工业废水排放 13.08 万 t，占总排放量的 10.0%。2010 年青海湖流域主要污染物 COD 排放量为 184.95 t，氨氮排放量为 16.52 t。详见表 2.3-1。

表 2.3-1　　现状年青海湖流域点污染源排放量

县级行政区	废污水排放量（万 t/a）			主要污染物排放量（t/a）	
	生活	工业	合计	COD	氨氮
天峻县	43.71	4.18	47.89	67.52	6.03
刚察县	52.56	8.90	61.46	86.66	7.74
共和县	18.26	—	18.26	25.75	2.30
海晏县	3.56	—	3.56	5.02	0.45
合计	118.09	13.08	131.17	184.95	16.52

2.3.1.2　点污染源入河量

　　按照县级行政区废污水进入水体的实际情况，统计各水功能区废污水排放量及主要污染物排放量，见表 2.3-2。现状年青海湖流域各水功能区废污水入河量 79.83 万 t，主要污染物 COD 和氨氮入河量分别为 112.55 t 和 10.05 t。青海湖流域废污水排放主要集中在布哈河天峻源头水保护区和沙柳河刚察保留区,这两个水功能区主要在人口集中的刚察县和天峻县,这与青海湖污水入河情况实际是相符的。共和县、海晏县废污水为少部分的生活污水,由于所在乡镇无污水管网,这些污水均以散排形式在陆域排放,未进入河流。

表2.3-2　现状年青海湖流域点污染源入河量

水功能区	废污水入河量（万t/a）	COD 入河量(t/a)		氨氮入河量(t/a)	
		入河系数	入河量	入河系数	入河量
布哈河天峻源头水保护区	34.96	0.73	49.29	0.73	4.40
布哈河刚察水产保护区	0	0	0	0	0
沙柳河刚察保留区	44.87	0.73	63.26	0.73	5.65
哈尔盖河刚察保留区	0	0	0	0	0
青海湖自然保护区	0	0	0	0	0
合计	79.83		112.55		10.05

2.3.1.3　面污染源产生量及入河量

本次研究主要对农村生活、农田和草场径流、畜禽养殖和水土流失等四种类型的面污染源进行了调查分析,青海湖流域面源COD、氨氮、总氮、总磷产生量分别为45 442 t、343 t、7 400 t、1 198 t,入河量分别为909 t、7 t、149 t、24 t,详见表2.3-3。

表2.3-3　现状年青海湖流域面污染源产生量和入河量　　　　　（单位:t/a）

县级行政区	污染物产生量				污染物入河量			
	COD	氨氮	总氮	总磷	COD	氨氮	总氮	总磷
天峻县	11 765	81	1 891	298	235	2	38	6
刚察县	19 614	150	3 164	497	392	3	64	10
共和县	11 183	71	1 837	296	224	1	37	6
海晏县	2 881	41	508	107	58	1	10	2
合计	45 442	343	7 400	1 198	909	7	149	24

2.3.2　地表水水质

2.3.2.1　天然水化学特征

河流水化学类型主要取决于河流流经基岩山区的岩性、流程远近、水量大小、流域内的气候条件等。青海湖流域河流的水化学类型以重碳酸盐类钙型（$HCO_3 - Ca$）水分布最为广泛,占青海湖流域面积的80%以上。其中:布哈河上唤仓以上区、布哈河上唤仓以下区、泉吉河区、沙柳河区、哈尔盖河区及湖南岸河区的江西沟、黑马河和石乃亥河都是以此类型水为主的;倒淌河为重碳酸盐类钠型（$HCO_3 - Na$）水;湖区为氯化物钠型（$Cl - Na$）水。

地表水水矿化度的地区分布规律与地质条件、补给方式等关系密切。青海湖流域河流及湖泊矿化度有三种类型:中等矿化度水,矿化度在300~500 mg/L之间;较高矿化度水,矿化度在500~1 000 mg/L之间;高矿化度水,矿化度在1 000 mg/L以上。青海湖流域河水大部分属中等矿化度和较高矿化度水,湖北岸河区的布哈河、泉吉河、沙柳河、哈尔盖河和甘子河均为中等矿化度水,其中青海湖乡小河为高矿化度水;青海湖湖水矿化度最高,达到 15 000 mg/L 以上,为高矿化度水,这是由于青海湖是内陆咸水湖泊,区域蒸发强烈,长期以来蓄积了各汇入河流携带的大量盐分。见表 2.3-4。

表 2.3-4　青海湖流域地表水水质测站水化学类型统计表

序号	代表测站	水资源分区	矿化度（mg/L）	矿化度分级	总硬度（mg/L,以 $CaCO_3$ 计）	总硬度分级	水化学类型
1	上唤仓下游 6 km	布哈河上唤仓以上区	302.0	中等矿化度	92.0	软水	Cl_{II}^{Ca}
2	布哈河口	布哈河上唤仓以下区	410.0	中等矿化度	112.0	软水	Cl_{II}^{Ca}
3	泉吉河	泉吉河区	370.0	中等矿化度	106.0	软水	Cl_{II}^{Ca}
4	刚察	沙柳河区	373.5	中等矿化度	105.5	软水	Cl_{II}^{Ca}
5	哈尔盖河	哈尔盖河区	366.0	中等矿化度	117.5	软水	Cl_{III}^{Ca}
6	甘子河		344.0	中等矿化度	117.0	软水	Cl_{III}^{Ca}
7	青海湖乡小河	湖东岸河区	1 400.0	高矿化度	213.0	适度硬水	Cl_{II}^{Na}
8	倒淌河	倒淌河区	853.0	较高矿化度	181.0	适度硬水	Cl_{II}^{Na}
9	江西沟西小河	湖南岸河区	537.0	较高矿化度	151.0	适度硬水	Cl_{II}^{Ca}
10	黑马河		350.0	中等矿化度	110.0	软水	Cl_{III}^{Ca}
11	石乃亥河		352.0	中等矿化度	111.0	软水	Cl_{III}^{Ca}
12	沙陀寺	湖区	15 900.0	高矿化度	1 930.0	极硬水	Cl_{II}^{Na}
13	下社		15 250.0	高矿化度	1 860.0	极硬水	Cl_{II}^{Na}

　　青海湖流域的布哈河、泉吉河、沙柳河、哈尔盖河、甘子河、石乃亥河和黑马河的总硬度都在 150 mg/L 以内,湖东岸河区、倒淌河区和湖南岸河区的江西沟总硬度较高,在 150～300 mg/L 之间;而湖区的总硬度则极高,达到 1 800 mg/L 以上。见表 2.3-4。

　　据水质监测资料,青海湖矿化度随着青海湖面积减小呈升高趋势,因此分析近年湖区矿化度变化趋势从一定方面能反映出青海湖水环境质量的变化趋势。分别选取了 1985～2008 年间 13 年的矿化度监测资料,以年份为横坐标,浓度为纵坐标,绘制矿化度沿年份变化折线图,对矿化度进行趋势分析。见表 2.3-5 和图 2.3-1。1985～2004 年的 20 年间,矿化度有明显的曲折上升趋势,2004～2008 年近五年来矿化度有略微下降并趋于稳定。查询水文资料,发现 1959～2004 年青海湖水位多数年份下降,少数年份上升,整体呈下降趋势,水位的下降和水量的减少,使水体中矿化度逐渐上升,而 2004～2008 年湖水位有一个上升平稳的过程,湖水水量有所回升,水体中矿化度随之下降。

2.3.2.2　现状水质评价

　　本次河流水质评价根据 2008～2009 年 13 个水质测站的监测资料,以《地表水资源质量评价技术规程》(SL 395—2007)为依据,以《地表水环境质量标准》(GB 3838—2002)为标准,采用单指标评价法进行评价。

表 2.3-5　青海湖矿化度和氯化物变化一览表

（单位：矿化度，g/L；氯化物，mg/L）

年份	1985	1986	1987	1988	1998	1999	2000	2003	2004	2005	2006	2007	2008
矿化度	12.6	13.2	13.1	13.3	14.9	15.9	15.8	15.6	16.6	15.3	15.1	15.2	15.6
氯化物	5 610	5 490	5 245	5 570	5 930	4 990	5 460	5 970	5 718	5 748	5 990	5 825	5 960

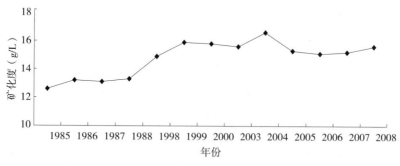

图 2.3-1　青海湖近年矿化度变化趋势图

1. 河流水质

参与评价的 13 个水质站点，有 12 个水质优于或达到Ⅲ类水标准，占评价站点的 92.3%，倒淌河的水质为Ⅳ类，超标项目为高锰酸盐指数（超标倍数为 0.03）和化学需氧量（超标倍数为 0.06）。从水质站水质类别分布来看，Ⅰ类水质的站点 5 个，Ⅱ类水质的站点 5 个，Ⅲ类水质的站点 2 个，Ⅳ类水质的站点 1 个。青海湖流域地表水水质站点水质类别见表 2.3-6。

表 2.3-6　青海湖流域水质站点水质类别一览表

河流	评价站点数	Ⅰ类	Ⅱ类	Ⅲ类	Ⅳ类	Ⅴ类	劣Ⅴ类	主要超标项目（超标倍数）
布哈河	2	1	1					
泉吉河	1	1						
沙柳河	1	1						
哈尔盖河	1	1						
甘子河	1	1						
倒淌河	1				1			高锰酸盐指数（0.03）化学需氧量（0.06）
江西沟西小河	1		1					
黑马河	1			1				
石乃亥河	1			1				
青海湖乡小河	1		1					
青海湖	2		2					
合计	13	5	5	2	1			

以上参评的 13 个水质站点,所代表的总评价河长为 748.6 km,湖泊面积 4 340 km²,12 个水质站达到或优于Ⅲ类水标准,倒淌河为Ⅳ类水标准。其中:Ⅰ类水河长 423.4 km,占评价总河长的 56.6%;Ⅱ类水河长 181 km,占评价总河长的 24.2%;Ⅲ类水河长 84.2 km,占评价总河长的 11.2%;Ⅳ类水河长 60.0 km,占评价总河长的 8.0%。见表 2.3-7 和图 2.3-2。

表 2.3-7 青海湖流域地表水水质状况一览表

行政区	河流名称	评价河长（km）	Ⅰ类		Ⅱ类		Ⅲ类		Ⅳ类	
			河长（km）	比例（%）	河长（km）	比例（%）	河长（km）	比例（%）	河长（km）	比例（%）
天峻县	布哈河	148			148	100				
刚察县	布哈河	124	124	100						
	泉吉河	63	63	100						
	沙柳河	85	85	100						
	哈尔盖河	86	86	100						
海晏县	甘子河	65.4	65.4	100						
	青海湖乡小河	18			18	100				
	倒淌河	60							60	100
共和县	石乃亥河	67.2					67.2	100		
	黑马河	17					17	100		
	江西沟西小河	15			15	100				
合计		748.6	423.4	56.6	181	24.2	84.2	11.2	60	8.0

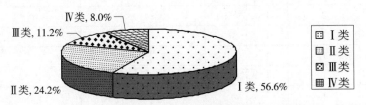

图 2.3-2 青海湖流域河流水质类别河长比例图

1）水资源分区水质

经评价:布哈河上唤仓以下区、泉吉河区、沙柳河区、哈尔盖河区评价河长共计 423.4 km,全部为Ⅰ类水质;布哈河上唤仓以上区、湖东岸河区、湖南岸河区江西沟评价河长共计 181 km,全部为Ⅱ类水质,湖区评价面积为 4 340 km²,为Ⅱ类水质;湖南岸河区黑马河、石乃亥河评价河长 84.2 km,水质为Ⅲ类水;倒淌河区评价河长 60 km,水质为Ⅳ类水。

2）县级行政区水质

天峻县评价河长 148 km,为Ⅱ类水;刚察县评价河长 358 km,全部为Ⅰ类水;海晏县评价河长143.4 km,其中Ⅰ类水河长65.4 km,占该县评价河长的45.6%,Ⅱ类水河长18 km,占该县评价河长的12.6%,Ⅳ类水河长60 km,占该县评价河长的41.8%;共和县评价河长99.2 km,其中Ⅱ类水河长15 km,占该县评价河长的15.1%,Ⅲ类水河长84.2 km,占该县评价河长的84.9%。

从评价结果看,参与评价的13条河流水质除倒淌河外均达到Ⅲ类标准或优于Ⅲ类标准,水体水质基本保持天然水质状况。

2. 青海湖富营养化分析

以《地表水资源质量评价技术规程》(SL 395—2007)为依据,以《湖泊(水库)营养状态评价标准及分级方法》为标准,采用营养状态指数法评价青海湖营养状况。经评价,青海湖属于中营养型湖泊。见表2.3-8。

表2.3-8　青海湖营养状况评价表

高锰酸盐指数	浓度(mg/L)	2.9
	评分值	50
总磷	浓度(mg/L)	0.02
	评分值	30
总氮	浓度(mg/L)	1.4
	评分值	70
叶绿素 a	浓度(mg/L)	0.04
	评分值	70
透明度	深度(m)	3
	评分值	30
	总评分值	50
营养状态评价	贫	
	中	√
	富	

2.3.2.3　现状水功能区水质分析

根据2003年青海省政府颁布实施的《青海省水功能区划》,青海湖流域共划分一级水功能区5个,其中:保护区3个,保留区2个;未划分二级水功能区。根据近年监测或调查资料情况,参加水功能区水质评价的一级功能区5个,评价河长501.5 km,评价湖泊面积4 340 km²。

参与评价的5个水功能区,全部达到水功能区划规定的水质目标,达标率为100%。其中:保护区3个,全部符合功能区水质目标;保留区2个,全部符合功能区水质目标。见表2.3-9。

表2.3-9 青海湖流域水功能区达标状况统计表

功能区名称	水功能区达标评价			河流长度（湖库面积）达标评价					
	评价个数	达标个数	达标率（%）	评价河长（km）	达标河长（km）	达标率（%）	评价面积（km²）	达标面积（km²）	达标率（%）
保护区	3	3	100	286.2	286.2	100	4 340	4 340	100
保留区	2	2	100	215.3	215.3	100			
合计	5	5	100	501.5	501.5	100	4 340	4 340	100

2.3.2.4 地表水污染评价

根据现状调查,青海湖流域没有大的污染工业项目,汇入河流的主要污染物来源于第三产业废水排放和农牧区面源污染物汇入。由于流域人口稀、农田面积少,目前污染物的排放量和入河量都不大,流域的地表水体受人类活动影响较小,水质良好,仅有倒淌河断面水质未达到Ⅲ类水质标准,超标项目为化学需氧量和高锰酸盐指数。这主要是由于水样采集于倒淌河的枯水期,河流水量较小,同时受上游人口聚集区废污水排放和农牧区面源污染物影响。查询历史资料发现以往倒淌河流域并未出现化学需氧量和高锰酸盐指数超标现象。

2.3.3 地下水水质

2.3.3.1 天然水化学特征

采用舒卡列夫法对青海湖流域天峻快尔玛乡政府地下水、布哈河地下水、泉吉河地下水、哈尔盖河地下水、湖东岸河区地下水、江西沟地下水、黑马河地下水和石乃亥河地下水等8个站点进行水化学分类。结果为:天峻快尔玛乡政府地下水为1-A型;泉吉河地下水、布哈河地下水和湖东岸河区地下水为5-A型;哈尔盖河地下水为7-A型;黑马河地下水和江西沟地下水为2-A型;石乃亥河地下水为26-A型。

2.3.3.2 地下水水质评价

地下水水质类别评价资料来源于青海省水环境监测中心2009年天峻快尔玛乡、湖东岸河区、泉吉河、哈尔盖河、黑马河、石乃亥河和江西沟等7个地下水水质监测站点资料及2005年天峻新源镇、刚察沙柳河镇和布哈河地下水等3个饮用水水源地调查资料。这10个站点分布于各水资源分区,其中:布哈河上唤仓以下区和湖南岸河区各有3个,泉吉河区、沙柳河区、哈尔盖河区和湖东岸河区各有1个,布哈河上唤仓以上区和倒淌河区则没有相关的监测资料。

根据《地下水质量标准》(GB 14848—93),青海湖流域的布哈河上唤仓以下区、泉吉河区、沙柳河区、哈尔盖河区和湖东岸河区地下水水质都是Ⅱ类;湖南岸河区的江西沟地下水和黑马河地下水水质为Ⅲ类;石乃亥河地下水水质为Ⅴ类,超Ⅲ类水标准项目为硝酸盐氮,超标倍数为0.85。

采用加附注分值法对近年地下水监测站点水质进行评价。参与评价的地下水站点中石乃亥河水质较差,江西沟水质良好,其他站点均为优良。青海湖流域的地下水水质监测成果及分级评价见表2.3-10。

表2.3-10 青海湖流域地下水水质分级评价表

站点	所在水资源计算分区	pH	总硬度	铜	锌	氟	汞	砷	硝酸盐氮(以N计)	氯化物	高锰酸盐指数	硫酸盐	镉	铬(六价)	铅	氨氮	F	水质类别
										mg/L								
天峻快尔玛乡地下水	布哈河上唤仓以下区	7.6	109	0.001 0	0.025	0.18	0.000 050	0.000 50	1.2	29.1	1.0	42.3	0.000 5	0.002	0.005	0.02	0.71	优良
天峻新源镇	布哈河上唤仓以下区	7.7	197	0.000 5	0.025	0.22	0.000 025	0.003 50	1.95	28.7	0.5	37.5	0.000 5	0.002	0.005	0.02	0.71	优良
刚察沙柳河镇	沙柳河区	7.4	246	0.000 5	0.025	0.19	0.000 025	0.003 50	1.09	7.8	0.8	35.1	0.000 5	0.002	0.005	0.02	0.71	优良
布哈河地下水	布哈河上唤仓以下区	8.3	119	0.000 5	0.025	—	0.000 025	0.003 50	—	51.0	1.6	73.0	0.000 5	0.002	0.005	—	0.72	优良
泉吉河地下水	泉吉河区	7.5	167	0.000 5	0.025	0.39	0.000 050	0.000 31	1.4	51.0	1.3	44.2	0.000 5	0.002	0.005	0.02	0.72	优良
哈尔盖河地下水	哈尔盖河区	7.5	98.7	0.000 5	0.025	0.22	0.000 050	0.000 49	1.8	26.9	0.6	69.2	0.000 5	0.002	0.005	0.03	0.71	优良
湖东岸河区地下水	湖东岸河区	7.9	105	0.000 5	0.025	0.19	0.000 050	0.000 74	2.2	40.1	1.7	30.7	0.000 5	0.002	0.005	0.01	0.71	优良
石乃亥河地下水	湖南岸河区	7.5	258	0.000 5	0.025	0.48	0.000 050	0.000 50	37	151	1.5	120	0.000 5	0.002	0.020	0.04	7.13	较差
黑马河地下水	湖南岸河区	7.5	154	0.000 5	0.025	0.30	0.000 050	0.000 50	4.61	44.3	1.3	40.8	0.000 5	0.002	0.010	0.04	0.74	优良
江西沟地下水	湖南岸河区	7.5	186	0.000 5	0.025	0.31	0.000 050	0.000 50	6.71	46.4	1.1	27.9	0.000 5	0.002	0.030	0.12	2.16	良好

注:"—"表示缺测。

2.3.3.3　县城水源地水质评价

青海湖流域范围内县级以上城镇水源地有 2 个,即布哈河上唤仓以下区内的天峻县新源镇集中供水水源地和沙柳河区内的刚察县沙柳河镇集中供水水源地。采用《青海省城市饮用水水源地安全保障规划》(2006 年)中的监测资料,根据《生活饮用水卫生标准》(GB 5749—2006)对水质常规指标及限值进行评价,得出:青海湖流域内的两个水源地水质总体质量较好,两城镇的地下水水源地均达到了饮用水水质Ⅱ类标准,满足饮用水水质要求。同时青海湖流域城镇地下水水源地供水量较少,不存在超采现象。

2.3.3.4　地下水污染评价

青海湖流域没有大的工业污染项目,根据流域地下水监测资料,水质超过地下水Ⅲ类标准的只有石乃亥河地下水,超标项目为硝酸盐氮。对比其他地下水监测资料,发现江西沟地下水和黑马河地下水监测的水质项目中也存在硝酸盐氮比流域其他地区偏大。综合各方面考虑,这是由于石乃亥河、江西沟和黑马河三个地下水所在地区岩层土壤中含有的硝酸盐类物质较多,致使该地区地下水水体中硝酸盐氮含量偏高。

2.4　水资源开发利用状况

2.4.1　供水基础设施

新中国成立前,居住在青海湖环湖地区的各族人民,主要是逐水草而牧。环湖地区水利建设始于 1952 年,通过五十多年的建设,水利设施得到了一定的发展,形成了以引水工程为主的农灌供水系统,引水管道、蓄水池、机井、土井相结合的农村人畜饮水供水系统,以地下水为主的城镇自来水供水系统。

2.4.1.1　蓄水工程

经调查,流域内现有蓄水工程 4 座,分别为娄拉水库、纳仁贡玛涝池、纳仁哇玛涝池和阿斯汗涝池,均建在发源于中低山的小河上,主要承担灌溉任务,兼顾人畜饮水。4 座蓄水工程灌溉面积 2.46 万亩,其中农田灌溉 0.14 万亩、退耕还林还草灌溉 2.32 万亩。除娄拉水库具有一定的调蓄能力外,其余涝池库容较小、淤积严重,调蓄作用有限。2010 年流域内蓄水工程供水量合计 456 万 m^3。蓄水工程情况详见表 2.4-1。

表 2.4-1　2010 年青海湖流域蓄水工程统计表

工程名称	所在水资源分区	所在县	水源名称	取水方式	坝型	库容(万 m^3)		灌溉面积(万亩)			2010 年供水量(万 m^3)
						总库容	有效库容	农田	草地	林地	
纳仁贡玛涝池	沙柳河区	刚察	纳仁贡玛	拦河	均质土坝		8	0.08			24
纳仁哇玛涝池	沙柳河区		纳仁哇玛	拦河			5	0.05			15
阿斯汗涝池	泉吉河区		阿斯汗贡玛	拦河		1.04	1	0.01			3
娄拉水库	湖东岸河区	共和	切吉曲	拦河		105	90		1.41	0.91	414
合计						104		0.14	1.41	0.91	456

注:纳仁贡玛涝池、纳仁哇玛涝池与刚北干渠联合灌溉,其 0.13 万亩灌溉面积计入刚北干渠,灌溉水量单列。

娄拉水库是环湖地区用于牧业灌溉的最大一座蓄水工程。1979年8月建成,总库容105万 m^3,输水干渠2条。娄拉水库灌溉退耕还林草面积2.32万亩。4月初至10月中旬放水灌溉,由于灌溉面积较大,除洪水期部分时段将多余水量放入下游河道外,其余时间上游来水基本全部放入灌区,采取轮灌方式漫灌,亩均灌溉1~2次,年灌溉供水量414万 m^3。

纳仁贡玛涝池、纳仁哇玛涝池和阿斯汗涝池,三处工程仅控制0.14万亩农田。经调查,每年复蓄2~3次,春夏放水灌溉,其余时段无灌溉任务。根据库容与复蓄次数计算年灌溉水量为42万 m^3。

2.4.1.2 引水工程

青海湖流域引水工程主要集中在湖滨北部地区,主要修建于20世纪50~70年代,经几十年的运行,大多数工程老化、破损严重。在运行过程中虽对一些渠系及建筑物进行过改造和修缮,但因资金缺乏和管理滞后,未能从根本上解决问题。主要引水灌溉工程情况见表2.4-2。

表2.4-2　2010年青海湖流域主要引水灌溉工程统计表

灌区名称	水资源分区	所在县	水源名称	取水方式	灌溉面积(万亩)				2010年供水量(万 m^3)
					农田	草地	林地	灌溉面积合计	
向阳渠	布哈河上唤仓以下区	刚察	吉尔孟河	自流	0.03	0.08		0.11	39
日芒渠		刚察	吉尔孟河	自流	0.16	0.08		0.24	66
蒙古村渠	倒淌河区	共和	哈拉过哇	自流	0.15			0.15	56
红河查拉渠	哈尔盖河区	海晏	查拉河	自流					0
甘子河乡哈尔盖渠			哈尔盖河	自流	0.07			0.07	51
甘子河乡中河渠			甘子河	自流	0.67			0.67	210
新塘曲渠		刚察	哈尔盖河	自流	0.96	1.84	1.43	4.23	1 323
塘曲渠			哈尔盖河	自流	1.30	1.22	4.87	7.39	2 080
刚北干渠	沙柳河区	刚察	沙柳河	自流	1.55	1.25	0.30	3.10	824
尕曲渠			沙柳河	自流	1.73		7.07	8.80	2 230
红山渠			沙柳河	自流	0.12			0.12	51
前进渠			折里格曲	自流	0.07			0.07	21
永丰渠			沙柳河	自流	0.41	0.07	0.52	1.00	329
河东渠			沙柳河	自流	0.08			0.08	37
伊克乌兰渠			沙柳河	自流	0.15			0.15	101
黄玉农场渠	泉吉河区	刚察	泉吉河	自流	0.15	1.35		1.50	525
泉吉渠			泉吉河	自流	0.15	0.12		0.27	117
合计					7.75	6.01	14.19	27.95	8 060

注:沙柳河区蓄、引水工程灌溉重复面积0.13万亩。

1. 哈尔盖河区

哈尔盖河区有灌溉引水渠道5条,分别是红河查拉渠、甘子河乡中河渠、甘子河乡哈尔盖渠、青海湖农场塘曲渠和刚察县新塘曲渠。

1)红河查拉渠

红河查拉渠位于海北州海晏县甘子河乡,1974年建成,南临青海湖。灌区地势平坦、土质肥沃,是海晏县的主要冬春草场。引水口设在红河、查拉河的汇合处,干渠最大引水流量 0.5 m³/s,渠道均为土渠,设计灌溉面积 3.2 万亩。经多年运行,渠首已损毁,大部分渠段已老化,渠系渗漏严重,灌区基本处于瘫痪状态。

2) 甘子河乡中河渠

中河渠位于海北州海晏县甘子河乡,2010 年灌溉面积 0.67 万亩,主要种植油菜,每年 3 月初、10 月下旬各灌溉一次,时间约 30 d,2010 年农田灌溉引水量 210 万 m³。

3) 甘子河乡哈尔盖渠

该渠位于海晏县甘子河乡热水村,引水口设在哈尔盖河左岸,哈尔盖大桥以北约 200 m 处,为土渠,每年 3 月初、10 月下旬引水灌溉,引水时间约 30 d,引水流量 0.2 m³/s 左右。设计灌溉面积 0.18 万亩,主要种植油菜,2010 年农田灌溉引水量 51 万 m³。

4) 青海湖农场塘曲渠

塘曲渠位于刚察县哈尔盖乡,建于 1959 年,引水枢纽建在哈尔盖大桥上游 1.5 km 处的河道右岸,设计干渠引水流量 3 m³/s,实际最大引水流量 1.5 m³/s 左右,为有坝式引水工程。设计灌溉面积 7.4 万亩,由于原设计标准低、投入不足,所有渠道均未防渗。田间工程不配套加之运行已久,目前老化毁坏十分严重,灌溉效益逐年下降。2010 年灌溉面积 7.39 万亩,引水量约 2 080 万 m³。

5) 刚察县新塘曲渠

新塘曲灌区水利工程,始建于 1958 年,引哈尔盖河水,干渠最大引水流量 3 m³/s,灌溉季节平均引水流量 0.65 m³/s 左右,渠首为有坝引水。控制灌溉面积 4.3 万亩,渠道修建于砂砾石层上,干支渠均为简易土渠,渗漏相当严重。2010 年灌溉面积 4.23 万亩,其中农田灌溉面积 0.96 万亩、草地灌溉面积 1.84 万亩,林地灌溉面积 1.43 万亩。由于田间工程不配套,1.84 万亩草地及 1.43 万亩林地灌溉无保障。2010 年灌溉水量 1 323 万 m³。

2. 沙柳河区

沙柳河区有灌溉引水渠道 7 条,分别是青海省三角城种羊场刚北干渠、海北州青海湖农场尕曲渠、红山渠、永丰渠、河东渠、伊克乌兰渠和前进渠。

1) 青海省三角城种羊场刚北干渠

刚北干渠于 1960 年建成通水,1995 ~ 1996 年对渠道进行改、扩建,现状干渠最大引水流量 1.1 m³/s,引水枢纽设在沙柳河镇以北 4 km 沙柳河左岸,为有坝式引水工程。2010 年灌溉面积 3.1 万亩,其中农田 1.55 万亩、草地 1.25 万亩、林地 0.3 万亩。

为缓解青海湖裸鲤洄游产卵期河道用水紧张情况,该渠 7 月 13 日至 9 月 1 日不引水,年灌溉水量为 824 万 m³。

2) 海北州青海湖农场尕曲渠

尕曲灌区建于 1958 年,后经多次扩建改建,于 20 世纪 70 年代基本形成目前的格局。引水枢纽建在沙柳河大桥附近河道右岸,为有坝式引水工程。干渠最大引水流量 5.2 m³/s,灌溉面积 8.8 万亩,其中农田灌溉面积 1.73 万亩,林地灌溉面积 7.07 万亩。灌溉引水总量为 2 230 万 m³。

3）其他渠道

该区内还有红山渠、永丰渠、河东渠、伊克乌兰渠和前进渠等 5 条渠道,除前进渠在沙柳河以西约 11 km 的折里格曲上引水灌溉外,其余渠道在沙柳河两岸引水,均为简易土渠。渠道修建于 1958~1969 年,灌溉面积合计 1.42 万亩,其中农田灌溉面积 0.83 万亩,草地灌溉面积 0.07 万亩,林地灌溉面积 0.52 万亩。5 条渠道 2010 年灌溉供水量 539 万 m³。

3. 泉吉河区

泉吉河区有刚察县黄玉农场渠和泉吉渠 2 条渠道。

1）刚察县黄玉农场渠

黄玉农场灌区始建于 1960 年,工程主要由当地群众和农场筹资筹劳完成,引水枢纽位于泉吉大桥以北约 1.8 km 处,引水口设在泉吉河左岸,为有坝式引水,最大引水流量 2.1 m³/s。灌溉面积 1.5 万亩,其中农田 0.15 万亩,草地 1.35 万亩。年灌溉引水总量 525 万 m³。

2）泉吉渠

泉吉渠修建于 1960 年,为一条简易土渠,引水口位于泉吉大桥以北约 100 m 处的河道右岸,现状最大引水流量 0.1 m³/s,灌溉面积 0.27 万亩,其中农田 0.15 万亩,草地 0.12 万亩。2010 年农田灌溉供水量 117 万 m³。

4. 布哈河上唤仓以下区

该区有渠道 2 条,分别为向阳渠和日芒渠,修建于 1960 年和 1958 年,均为简易土渠,引吉尔孟河进行灌溉。灌溉面积 0.35 万亩,主要为饲草料地灌溉,2010 年灌溉供水量 105 万 m³。

5. 倒淌河区

蒙古村渠道,修建于 1975 年,为简易土渠,引水流量 0.1 m³/s,灌溉面积 0.15 万亩。2010 年农田灌溉供水量 56 万 m³。

6. 湖南岸区

上社草原喷灌一期工程建成时间为 2001 年,水源为江梗沟,灌溉面积 2 494 亩。上社草原喷灌二期工程建成时间为 2003 年,水源为廿地沟,灌溉面积 2 734 亩。这两处节水灌溉工程 2010 年未供应灌溉用水,主要作为解决当地人畜饮水的补充水源。

此外,截至 2010 年,流域内有 123 处引水管道供水的农村人畜饮水工程。

2.4.1.3 地下水工程

1. 新源镇城镇供水

新源镇供水工程建于 1982 年,水源地位于县城内,有机井 2 眼,开采浅层地下水,年供水能力 109.5 万 m³。由于长期运行,已出现输水管网老化,漏水、渗水现象严重,供水管网漏失率 20%。

2. 沙柳河镇城镇供水

沙柳河镇供水工程建于 1983 年,水源地位于县城内,开采浅层地下水,井深约 11 m,年供水能力 27 万 m³。由于长期运行,供水管网已老化,漏失率 20%。

3. 天峻县天峻沟草原节水灌溉(喷灌)示范工程

建成时间为2004年,水源为天峻沟地下水,机井设计抽水流量2.78 m³/s,喷灌草场面积0.3万亩。该节水灌溉工程2010年未供应灌溉用水,为充分发挥工程效益,现主要作为解决当地人畜饮水的补充水源。

此外,截至2010年,流域内有地下水供水的1 285处农村人畜饮水工程,其中土井1 258眼,机井27眼。

2.4.1.4　其他水源工程

集雨水窖105座,主要作为农村人畜饮水水源。

2.4.2　供水量

2010年青海湖流域总供水量10 014万m³,其中地表水供水量9 857万m³,地下水供水量157万m³,其他水源供水量0.42万m³。地表水供水量占总供水量的98.43%,地下水供水量占总供水量的1.56%,其他水源供水量占总供水量的0.01%,见表2.4-3。

表2.4-3　青海湖流域2010年供水量调查统计表　　　(单位:万m³)

水资源分区或行政区域		地表水源					地下水源	其他水源	总供水量
		蓄水	引水			合计	浅层淡水	集雨工程	
			引水灌溉	人畜饮水管道	小计				
水资源分区	布哈河上唤仓以上区			91	91	91	1		92
	布哈河上唤仓以下区		105	399	504	504	84	0.22	588
	湖南岸河区			164	164	164	3		167
	倒淌河区		56	85	141	141	2		143
	湖东岸河区	414		67	67	481			481
	哈尔盖河区		3 664	209	3 873	3 873	2		3 875
	沙柳河区	39	3 593	237	3 830	3 869	61	0.20	3 930
	泉吉河区	3	642	89	731	734	4		738
县区	天峻县			325	325	325	83		408
	刚察县	42	7 743	576	8 319	8 361	68	0.40	8 429
	共和县	414	56	342	398	812	5	0.02	817
	海晏县			261	98	359	359	1		360
青海湖流域		456	8 060	1 341	9 401	9 857	157	0.42	10 014

2.4.3　用水量

2010年青海湖流域总用水量10 013.8万m³,其中农林牧渔畜用水9 622.1万m³,占总用水量的96.09%;工业、建筑业和第三产业用水205.1万m³,占总用水量的2.05%;生活用水(包括城镇生活、农村生活)185.1万m³,占总用水量的1.85%;生态用水1.5万m³,占总用水量的0.01%。见表2.4-4。

表 2.4-4　青海湖流域 2010 年用水量调查统计表　　（单位：万 m³）

水资源分区或行政区域		城镇和农村生活	一般工业	建筑业、第三产业	农林牧灌溉	牲畜	城镇生态	总用水量
水资源分区	布哈河上唤仓以上区	5.0	1.8	6.0		78.8		91.6
	布哈河上唤仓以下区	57.9	9.4	72.4	104.7	343.2	0.5	588.1
	湖南岸河区	16.7		11.5		138.6		166.8
	倒淌河区	14.7		9.9	56.3	61.7		142.6
	湖东岸河区	7.6		2.3	414.0	56.9		480.8
	哈尔盖河区	24.4	13.5	14.4	3 664.2	158.6		3 875.1
	沙柳河区	48.1	7.5	50.0	3 632.0	191.3	1.0	3 930.3
	泉吉河区	10.7	0.4	5.6	645.0	76.8		738.5
县区	天峻县	49.7	9.8	71.0		277.1	0.5	408.1
	刚察县	85.0	22.9	69.0	7 784.7	466.2	1.0	8 428.8
	共和县	40.2		25.1	470.3	281.1		816.7
	海晏县	10.2		7.3	261.2	81.5		360.2
青海湖流域		185.1	32.7	172.4	8 516.2	1 105.9	1.5	10 013.8

2.4.4　耗水量

2.4.4.1　耗水系数

居民生活耗水系数：布哈河上唤仓以下区新源镇、倒淌河区倒淌河镇、哈尔盖河区哈尔盖镇以及沙柳河区沙柳河镇城镇居民生活耗水系数取 0.3；农村居民及其他分区中的城镇居民，由于居住分散，居民住宅一般没有给排水设施，用水量少，耗水率较高，可以认为用水量全部被消耗，耗水系数取 1.0。

灌溉耗水系数：由于流域内没有地下水下渗回归试验资料，只能综合考虑灌区渠系的配套情况、土壤状况、亩均毛灌溉水量、当地蒸发量和灌溉水的回归条件等因素，确定灌溉耗水系数为 0.68。

牲畜耗水系数按 1.0 计算。

工业耗水系数：2010 年流域内工业生产行业主要有铅锌矿采选、肉类加工、建材、网围栏制造等，用水量、耗水量均较低，综合考虑并确定流域内一般工业企业耗水系数在 0.4 左右。

建筑业由于相对分散，用水量小，耗水系数按 1.0 考虑，第三产业耗水系数采用 0.3。

2.4.4.2　耗水量

2010 年青海湖流域总耗水量 7 165.2 万 m³，其中农林牧渔畜耗水 6 896.9 万 m³，工业、建筑业和第三产业耗水 129.6 万 m³，生活耗水（包括城镇生活、农村生活）137.2 万 m³，生态耗水 1.5 万 m³。见表 2.4-5。

表 2.4-5　青海湖流域 2010 年耗水量调查统计表　　　（单位:万 m³）

水资源分区或行政区域		城镇和农村生活	一般工业	建筑业、第三产业	农林牧灌溉	牲畜	城镇生态	总耗水量
水资源分区	布哈河上唤仓以上区	5.0	1.8	3.4		78.9		89.1
	布哈河上唤仓以下区	39.0	9.4	47.3	71.2	343.2	0.5	510.6
	湖南岸河区	16.8		4.8		138.6		160.2
	倒淌河区	11.5		4.1	38.3	61.7		115.6
	湖东岸河区	7.6		1.1	281.5	56.9		347.1
	哈尔盖河区	23.4	13.5	7.7	2 491.6	158.6		2 694.8
	沙柳河区	23.2	7.5	25.7	2 469.8	191.3	1.0	2 718.5
	泉吉河区	10.7	0.4	2.7	438.6	76.8		529.2
县区	天峻县	30.8	9.8	47.5		277.1	0.5	365.7
	刚察县	59.1	22.9	35.3	5 293.6	466.2	1.0	5 878.1
	共和县	37.0		10.4	319.8	281.1		648.3
	海晏县	10.3		3.7	177.6	81.5		273.1
青海湖流域		137.2	32.7	96.9	5 791.0	1 105.9	1.5	7 165.2

2.4.5　现状水资源开发利用程度

青海湖流域水资源总量 21.63 亿 m³,水资源开发利用量 1.00 亿 m³,水资源开发利用程度 4.63%,开发利用程度较低。各水资源分区水资源开发利用程度在 0.14% ~ 19.21% 之间,其中布哈河上唤仓以上区开发利用程度最低,哈尔盖河区开发利用程度最高,见表 2.4-6。

表 2.4-6　青海湖流域现状水资源开发利用程度表

水资源分区	水资源总量（万 m³）	现状供水量（万 m³）	水资源开发利用率（%）
布哈河上唤仓以上区	67 030	91.6	0.14
布哈河上唤仓以下区	60 530	588.1	0.97
湖南岸河区	20 330	166.8	0.82
倒淌河区	1 490	142.6	9.57
湖东岸河区	6 480	480.8	7.42
哈尔盖河区	20 170	3 875.1	19.21
沙柳河区	32 690	3 930.3	12.02
泉吉河区	7 610	738.5	9.70
青海湖流域	216 300	10 013.8	4.63

2.5　生态环境状况调查评价

青海湖是我国面积最大的内陆咸水湖,是维系青藏高原北部生态安全的重要水体,对抗拒西部荒漠化向东侵袭起到了天然屏障作用,是我国首批列入国际湿地名录的重要湿地之一。该区域属于全球气候变化敏感、生态系统脆弱的地区,近年来,由于气候变化和人类活动的影响,青海湖出现湖水位下降、湖水矿化度升高、水生态恶化等问题,给流域及周边地区生态环境的良性维持带来严重威胁,并严重制约着流域及相关地区经济社会可持续发展。

2.5.1 青海湖的形成与发展

2.5.1.1 青海湖的形成

青海湖属于秦祁昆仑地槽褶皱区,位于南祁连早古生代裂陷槽、青海南山晚古生代—中生代复合裂陷槽和中祁连地块等3个构造单元的交会部位。相关资料和研究证明,青海湖是新构造断块差异升降运动的产物。在第三纪晚期(距今700万~250万年),沿老构造线的接触带,青海湖区发生了强烈的新断裂和断块差异升降运动,完整的古夷平面被破坏,第Ⅰ级夷平面升起并逐步成长为新山系,呈现出了明显的构造洼地面貌。第四纪(距今250万年至今)初期,青海湖区再一次发生了强烈的断块差异升降运动,这次升降运动将第Ⅰ级夷平面抬得更高(以致达到雪线以上),同时也在第Ⅰ级夷平面的边缘升起了第Ⅱ级夷平面。两级夷平面开始组成了环绕盆地的阶梯式地形,青海湖构造洼地进一步下沉,盆地面貌明显。第四纪第一间冰期,即更新世(距今250万~1万年)早期,冰川的消融,提供了一定的水源,青海湖开始出现。

2.5.1.2 地质历史时期青海湖的发展

1. 河湖共存到湖泊闭塞

青海湖在形成之初,湖水经倒淌河流入黄河,属河湖相融的外流淡水湖。晚更新世初地质构造急剧上升后,湖盆东部地区上升相比湖区其他地区更为强烈,其抬升堵塞了古湖的东部出口。这次强烈上升一直延续至今,并清晰地反映在现在的倒淌河与贵德盆地的分水岭上。同源于野牛山的洪水河(倒淌河上游)与曲乃亥河垂直山脉走向直泄而下,于山前低台地两侧以90°的转弯分流,分别注入青海湖和黄河。野牛山与加拉山组成了青海湖盆地与贵德盆地的分水岭,蛙里贡山组成了共和盆地与贵德盆地的分水岭,达坂山—鸟兔场山隆起则是海晏盆地的东南界。上述诸山组成了一个大面积新构造隆起区,它们在晚更新世初期的急剧上升,阻挡了青海湖东部地区河流外流。

可见,青海湖的闭塞发生在中更新世末—晚更新世初。它是随着第Ⅲ级夷平面升起的这次新构造上升运动而来临,并在出口地带上升更为强烈的情况下发生的。

2. 现代湖泊形态奠定到湖面退缩

晚更新世时期,随着地壳运动增强和湖盆闭塞状况日益显著,湖水位上升;加之当时气候向着暖湿方向转化,青海湖的发展走向了一个全盛时期,奠定了现在青海湖形态的基础。全新世初期,青海湖比目前大1/3多。

全新世时期,随着湖盆周围新构造隆起的继续发展和气候趋于干燥,青海湖湖面缩小,水位下降,并且日益加剧。湖滨的几级阶地先后出现,湖中岛屿日渐增多、扩大并开始脱离湖体成为湖畔孤山。湖水在东西方向上退却了30 km左右,湖水位下降近50 m。

3. 水质咸化及水生生物单一化

青海湖在外流时期,不会形成盐类的显著聚积。在晚更新世时,湖泊刚闭塞,气候比较潮湿,水面极端扩张,湖水加深,湖体水容量不断增加,当时湖水经历了一个淡化的过程。青海湖水质咸化是在气候趋于干燥的全新世初期发生的,而湖水的逐步咸化过程,引起了湖中水生生物的单一化。

2.5.1.3 人类历史时期青海湖的变化

根据现有的文献和资料,青海湖流域有记载的人类活动影响是从西汉末开始的。因近200年尤其是近50年青海湖有长系列监测资料且水位仍在波动中下降,近50年水位变化情况及原因在2.5.3节中重点分析。

有记载以来,青海湖的面积历代也有所变化。《北史》卷《吐谷浑传》:"青海周回千余里,海内有小山";乾隆《西宁府新志》卷:"西海,在县西二百七十余里。周围海面有七百余里,东西长亘而南北狭焉";光绪《丹噶尔厅志》卷:"青海,距厅城西稍南百数十里……海岸四面皆有水泉,蕨草丰美,宜畜牧,号乐土。近经地理学家考究,古时海水极广,西与柴达木低地旧湖通连。北魏时周千余里,唐时尚八百余里,今只五百五十里,共占面积一万八千五百方里"。

青海湖地区的农业生产活动,最早始于西汉末期,这与设置西海郡有直接关系。西海郡存在的时间虽然很短,但"以千万数"的中原迁徙者来到青海湖安家立业,从事农业生产来维持生计,广阔的草原成为农耕之地。王莽末年到东汉和帝永元十四年,西海郡则为羌人的牧场,农田又复为草场。东汉建立后,汉羌征战不断,到和帝永元十四年战争才平息,并维持了7~8年的"安宁"局面。之后,青海湖地区再次为羌人所获,并成为游牧之地。三国时期,青海湖地区一直为魏国所控制,是羌族及吐谷浑的游牧地,并一直延续到隋唐时期。唐朝在青海湖的屯田先后持续了36年左右,安史之乱后,青海湖为吐蕃所占领。北宋在青海湖的统治比较松散,维持时间也不长。清朝末年,清政府在西宁设垦务局,办理开荒垦田,在今共和县内开垦农田4万余亩。

从王莽设郡到明末清初期间,农业人口在青海湖地区的活动时而频繁,时而寂寞无声,使广大的草场时而垦为良田,时而牛羊遍野。农耕和游牧的反复更替,在一定程度上对青海湖地区植被产生了破坏作用。在青海湖局地性气候的影响下,土壤发育为栗钙土,土壤母质多为沙砾质、沙壤质,土层薄,有机质含量低。生长在这样土壤之上的植被,一旦被破坏,沙质土壤外露,就会造成土壤的沙化,生态系统十分脆弱。

历史上青海湖地区的多次兴农废牧,使草原植被多次遭到破坏,之所以到明清时期青海湖地区仍是水草丰美,原因有二:一是每次开荒垦种的时间不长,开垦农田的总面积不是很大,且多选择在宜农地区,因此破坏的程度从总体上说不是很明显。二是农业人口活动最频繁的时期,同时又是气候较为温暖湿润的时期。从青海湖地区农业人口活动的时间上看,主要集中在两汉和隋唐时期,而这两个时期是我国气候从一个冷干时期进入温湿的时期。在温湿的气候环境下,年均温比现在约高1℃,对牧草的恢复、生长有利。但北宋以后,我国气候又一次转向冷干时期,大部分时间年均温比现在约低1℃,青海湖地区的植被有明显的草原化发展趋势,暖湿时期越来越短,气温下降,冷干时期则越来越长,落叶松等相对喜暖植物大量减少,沙丘面积进一步扩大,青海湖水位快速下降。与此相适应的是,此时期青海湖的农业活动非常微弱。总的来看,无论是两汉还是隋唐时期,青海湖地区的人口和牲畜都十分稀少,远低于现在的数量,草场的恢复和再生能力要比现在好。

2.5.2　青海湖流域古气候演变及湖水位变化情况

2.5.2.1　青海湖闭塞以来至距今600年前

杜乃秋和孔昭宸(中国科学院植物研究所,1989年)、周陆生(青海省气象局,1992年)等的研究表明,青海湖流域在晚更新世闭塞以来,古气候经历了冷干—暖干(转暖,冰川消融)—暖湿—冷干的变化,与其对应的湖水变化为急剧收缩—扩张—缓慢退缩—退缩的过程。

2.5.2.2　近600年

青海省气象局利用树木年轮资料对青海湖地区近600年来的气候变化进行了比较系统的分析研究,同时参考青海湖沉积岩芯记录,研究表明,青海湖流域近600年来气候特征大致为:15世纪中、后期为冷干期;16世纪以暖湿期为主;17世纪到18世纪前期以冷干年份居多,其中17世纪晚期有一小冰期处于相对湿润阶段;18世纪中期到20世纪初又以暖湿为主;20世纪前期以冷干为主,中期转为暖干。

与其对应的近600年来青海湖有5次湖泊相对扩张、水位上升、湖水趋于淡化的阶段,分别发生在公元14世纪晚期、16世纪早期、17世纪晚期、18世纪晚期和19世纪晚期。而近200年来的变化也可划分几个明显阶段:1800～1860年,气候偏湿润,水位总体偏高;1860～1880年,气候略干;1880～1900年,气候湿润,水位上升;1900年之后,伴随着气候干旱化,水位呈下降趋势。

2.5.3　青海湖近50年水位变化及原因分析

2.5.3.1　青海湖近50年水位变化情况

近50年来,青海湖水位呈现较为明显的波动下降趋势。以青海湖沙陀寺水位站为例(见图2.5-1),1956年年平均水位3 196.79 m,2010年年平均水位3 193.77 m,1956～2010年少数年份上升,多数年份下降,总体呈下降趋势,湖水位共下降3.02 m,平均每年下降0.06 m;湖面积缩小274 km²,年均缩小5.0 km²,储水量减少约133亿 m³。

图2.5-1　青海湖沙陀寺站1956～2010年年平均水位过程线

1956～2010年湖水位上升的年份共有17年,平均年内上升值为0.13 m;水位下降的年份共有 38 年,平均年内下降值为 0.14 m。但从 2005 年起,由于青海湖流域降水量及入湖水量增加,青海湖水位从 2005 年到 2010 年又有了一个上升的过程。青海湖水位下降造成湖面退缩,不断分离出新的子湖。目前已分离出 4 个较大的子湖,由北而南分别为尕海、新尕海(沙岛湖)、海晏湾(未完全与青海湖分离)和洱海。

青海湖水位的下降,导致湖泊水体萎缩,湖水矿化度增加。据测定,青海湖湖水矿化度由 1962 年的 12.5 g/L 上升到 2008 年的 15.6 g/L。《青海湖生态环境演变及生态需水研究报告》(黄河流域(片)水资源综合规划专项,中国水利水电科学研究院,2007 年 11 月)中开展了青海湖裸鲤耐盐碱急性试验,得出裸鲤急性耐盐的阈值为 17 ~ 18 g/L。青海湖水体盐度的增高,会一定程度上影响水生饵料生物和青海湖裸鲤的生长发育,鱼类资源受到严重威胁,进而影响到鱼鸟共生生态系统的循环。

2.5.3.2　近 50 年来水文气象变化

1. 气温变化

从青海湖流域刚察气象站年平均气温变化曲线图(见图 2.5-2)可以看出,一元线性拟合直线的年气温上升趋势比较明显,刚察站的气温变化倾向率为 0.27 ℃/(10 a)。多项式拟合的年平均气温曲线(虚线)表明,自 20 世纪 80 年代末青海湖流域开始显著增暖,90 年代后期增暖达到最强。青海湖流域 1961 年、1962 年、1967 年和 1983 年为相对的低温年,1988 年及 1998 ~ 2007 年则为相对的高温年。

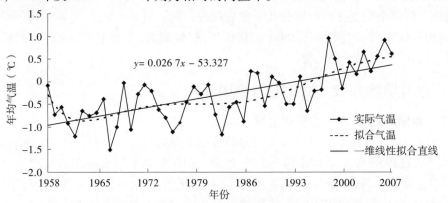

图 2.5-2　1958 ~ 2007 年青海湖流域刚察气象站年均气温变化

表 2.5-1 中列出了青海湖流域 1958 ~ 2000 年不同年代的气温统计值。从表 2.5-1 分析,青海湖流域 1958 年以来气温变化的特点是:春季增温相对缓慢,其他三季变暖比较显著,年平均气温显著变暖。这种增暖趋势与华北、东北和西北其他地区变暖的趋势基本一致。

表 2.5-1　青海湖流域 1958 ~ 2000 年气温统计分析　　　　　(单位:℃)

年代	1958 ~ 1970	1971 ~ 1980	1981 ~ 1990	1991 ~ 2000	1958 ~ 1990	1958 ~ 2000	1971 ~ 2000
年平均	-0.7	-0.5	-0.4	0.2	-0.5	-0.4	-0.2
春季平均	-5.2	-4.8	-5.0	-4.3	-5.0	-4.8	-4.7

续表 2.5-1

年代	1958～1970	1971～1980	1981～1990	1991～2000	1958～1990	1958～2000	1971～2000
夏季平均	8.0	8.0	8.1	8.8	8.0	8.2	8.3
秋季平均	5.3	5.5	5.4	6.1	5.4	5.6	5.7
冬季平均	-11.0	-10.6	-10.0	-9.6	-10.5	-10.3	-10.1

2. 降水变化

以年代为时段单元,将 1956～2007 年系列划分为 6 个时间段,分析比较各代表站不同时段平均年降水量与多年平均降水量的增减幅度,见表 2.2-6。与多年均值相比,20 世纪 50 年代代表站降水偏少;60 年代除刚察水文站降水偏多外,其余代表站降水略偏少;70 年代下社水文站、刚察水文站降水偏少,天峻气象站、布哈河口水文站降水与多年平均基本持平;80 年代所有代表站降水与多年平均相比偏多;90 年代降水与多年持平;2000～2007 年降水均偏多,偏多范围在 3.2%～11.6% 之间。因此,1956～2007 年青海湖流域降水经历了枯—平—枯—丰—平—丰的变化过程。

图 2.5-3 显示了青海湖流域降水代表站年降水过程线及五年滑动均值过程线。同时采用 Kendall、Spearman 秩次检验法和线性趋势回归检验法,对代表站年降水序列进行趋势性检验。结果表明天峻气象站、布哈河口水文站和下社水文站均有明显的上升趋势,刚察水文站有微弱增加趋势。天峻气象站、布哈河口水文站、下社水文站 10 年的降水增加量可达到 10 mm 以上,刚察水文站增加量很小,仅为 3 mm,见表 2.5-2。

表 2.5-2　青海湖流域年、四季和降水倾向率　　　　（单位:mm/(10 a)）

站名	多年平均	春季	夏季	秋季	冬季
天峻气象站	11.05	-1.25	10.58	1.59	0.12
布哈河口水文站	12.66	2.65	8.00	1.77	0.23
下社水文站	18.22	5.08	12.01	-0.77	0.61
刚察水文站	3.01	-1.23	4.95	-1.25	0.50

从季节上分析,降水的增加主要集中在夏季,春季、秋季和冬季增加的很少,天峻气象站、刚察水文站春季以及下社水文站、刚察水文站秋季的降水甚至呈现微弱的减少趋势。这意味着在全球变暖的背景下,该区降水在季节分配上发生了变化,表现为暖季降水有逐步增加的趋势,而冷季和过渡季节的降水增加则比较缓慢。

3. 蒸发变化

根据多年平均降水量与径流深等值线分析,由于青海省地处干旱、半干旱地区,陆面蒸发量的大小主要取决于降水量的多少,因此陆面蒸发的分布与降水量的地区分布相似。青海湖流域的陆面蒸发量自东南向西北递减,变化范围在 200～400 mm 之间。西北地区陆面蒸发量最小为 200 mm,向东南部逐渐增加。布哈河上唤仓以上区陆面蒸发量为 200～250 mm,布哈河上唤仓以下区、湖南岸河区陆面蒸发量为 250～300 mm,泉吉河区、沙柳河区、哈尔盖河区、湖东岸河区、倒淌河区陆面蒸发量为 300～350 mm,哈尔盖河区的

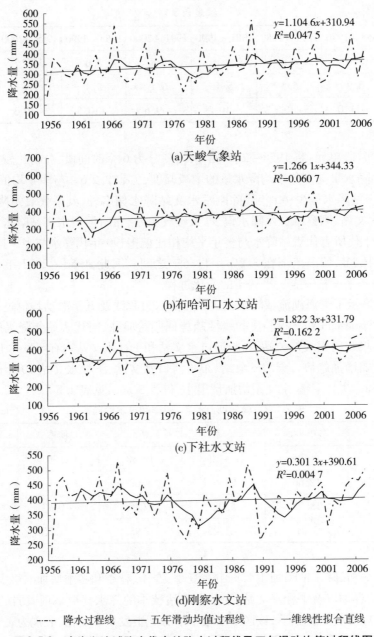

$y=1.104\ 6x+310.94$
$R^2=0.047\ 5$

(a)天峻气象站

$y=1.266\ 1x+344.33$
$R^2=0.060\ 7$

(b)布哈河口水文站

$y=1.822\ 3x+331.79$
$R^2=0.162\ 2$

(c)下社水文站

$y=0.301\ 3x+390.61$
$R^2=0.004\ 7$

(d)刚察水文站

-·--· 降水过程线　　—— 五年滑动均值过程线　　—— 一维线性拟合直线

图2.5-3　青海湖流域降水代表站降水过程线及五年滑动均值过程线图

东部地区陆面蒸发量为400 mm以上。

　　根据刚察气象站资料,采用高桥浩一郎公式计算青海湖流域陆面年蒸发量,见图2.5-4。青海湖流域陆面年蒸发有十分明显的上升趋势,20世纪70年代和80年代陆面蒸发量相对较小,而90年代陆面蒸发量大,并且90年代后期陆面蒸发量增大比较迅速。1965~1975年的10年间,青海湖流域陆面年蒸发量略呈下降趋势;1977~1985年间,陆面蒸发量增加迅速;此后,陆面蒸发量波动变化,但趋势仍为不断增加;1994年后,蒸发量增加速率达到最大。

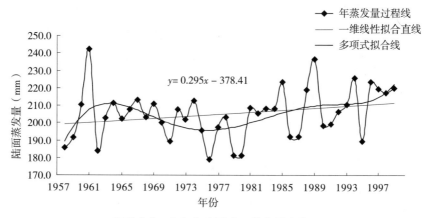

图 2.5-4 青海湖流域陆面蒸发量变化

从青海湖流域实测水面蒸发的五年滑动均值过程线及趋势检验结果可以看出,青海湖流域水面蒸发量在长系列年尺度上呈减小的趋势,见图2.5-5。这种增温陆面蒸发和水面蒸发反向变化可以用"蒸发悖反原理"解释,即陆面蒸发(实际蒸发)与蒸发皿实测水面蒸发(潜在蒸发)成互补关系。

4. 河川径流变化

从青海湖流域主要河流 1956～2007 年 52 年径流系列分析,1956～1959 年、1970～1979 年、1990～1999 年地表径流量较 52 年平均值偏小,1960～1969 年、1980～1989 年、2000～2007 年较 52 年平均值偏大。总体上看,青海湖流域河川径流量呈微弱衰减趋势。青海湖流域主要河流代表站不同年代径流变化见表 2.2-24,图 2.5-6 显示了布哈河口水文站 1956～2007 年地表径流量、降水量和蒸发量过程线。

2.5.3.3 青海湖水量平衡分析

青海湖补水量包括湖面降水、地表水入湖补给和地下水入湖补给三部分;耗水量主要是湖面蒸发、湖滨潜水蒸发和湖滨沼泽草甸蒸散发量等。青海湖水量平衡可以用下列方程表示:

$$Q_{地表水入湖} + Q_{湖面降水} + Q_{地下水入湖} = E_{湖面蒸发} + E_{湖滨潜水蒸发} + E_{湖滨沼泽草甸蒸散发} \pm \Delta V$$

式中:$Q_{地表水入湖}$ 为地表水入湖量,亿 m^3;$Q_{湖面降水}$ 为湖面降水补给量,亿 m^3;$Q_{地下水入湖}$ 为地下水入湖量,亿 m^3;$E_{湖面蒸发}$ 为湖面蒸发量,亿 m^3;$E_{湖滨潜水蒸发}$ 为湖滨潜水蒸发量,亿 m^3;$E_{湖滨沼泽草甸蒸散发}$ 为湖滨沼泽草甸蒸散发量,亿 m^3;$\pm \Delta V$ 为湖泊蓄水量变化,亿 m^3。

1. 湖面降水补给量

湖面降水补给量是大气降水直接补给青海湖的水量,采用布哈河口、沙陀寺、刚察、下社、黑马河等五站降水量的算术平均值计算湖面多年平均年降水量为 378.6 mm,考虑每年湖面面积变化,湖面多年平均降水补给量为 16.56 亿 m^3。

2. 地表径流入湖量

依据水资源评价成果,1959～2000 年青海湖流域地表天然径流量为 17.87 亿 m^3,扣除国民经济地表耗水 0.72 亿 m^3,地表径流入湖补给量为 17.15 亿 m^3。

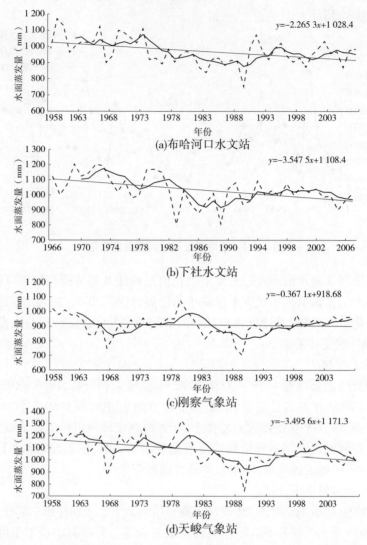

---- 年水面蒸发过程线 —— 五年滑动均值过程线 —— 一维线性拟合直线

图 2.5-5　青海湖流域蒸发代表站年水面蒸发及五年滑动均值过程线

3. 湖面蒸发量

湖面蒸发量为湖面平均蒸发量与湖面面积之积。采用布哈河口、沙陀寺、刚察、下社等站水面蒸发量的算术平均值计算湖面多年平均年蒸发量为 957.8 mm,湖水与淡水年蒸发量折算系数为 0.96,则湖面平均蒸发量为 919.5 mm,考虑湖面面积变化,青海湖多年平均湖面蒸发量为 40.26 亿 m³。

4. 湖滨蒸散发量

依据水资源评价成果,青海湖流域湖滨潜水蒸发量约为 0.5 亿 m³。

根据《青海湖生态环境演变及生态需水研究》,湖滨沼泽与草甸面积约有 500 km²（耗水定额为 58.7 m³/亩）,沼泽与草甸蒸散发量约为 0.44 亿 m³。

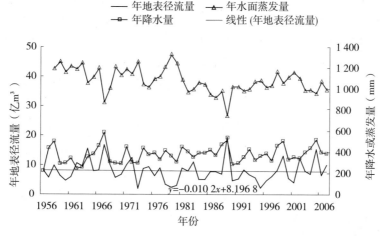

图2.5-6　布哈河口水文站1956～2007年地表径流量、降水量和蒸发量过程线

5. 地下水入湖补给量

根据1959年湖容积867.96亿 m^3 ,2000年湖容积716.07亿 m^3 ,计算1959～2000年多年平均青海湖亏缺水量为3.62亿 m^3 。由水量平衡方程计算,多年平均地下水入湖补给量为3.87亿 m^3 。见表2.5-3。

表2.5-3　1959～2000年多年平均青海湖水量收支统计表

系列	湖面降水量（mm）	湖面蒸发量（mm）	湖面面积（km²）	湖区补水量（亿 m^3）				湖区耗水量（亿 m^3）			湖泊蓄水量变化（亿 m^3）
				湖面降水	地表径流入湖	地下水入湖	小计	湖面蒸发	湖滨蒸散发	小计	
1959～2000年	378.6	919.5	4 377.2	16.56	17.15	3.87	37.58	40.26	0.94	41.20	-3.62

2.5.3.4　青海湖水位变化原因分析

对于青海湖水位下降的影响因素和原因,学术界及相关单位开展了一系列研究工作。归纳起来,主要是围绕自然环境演变过程和经济发展过程的影响分析,包括两个方面:其一,区域气候暖干化,由于青海湖流域气候暖干化趋势的发展,年平均气温和年平均陆面蒸发量出现增高趋势,必然导致流域内陆面水分的亏损。其二,人类活动影响,不合理的人为活动引起流域下垫面改变,如超载过牧、毁草开荒、乱挖沙石、采挖中草药及灌木等,造成草原植被退化,裸露地面积扩大,水源涵养功能下降,同时人类生活和生产用水又要消耗掉一部分入湖水量。从实地调查情况来看,城乡居民的生活和农牧用水,特别是流域北部大部分农田和草场的灌溉用水,主要取自青海湖的沙柳河、哈尔盖河等的河水,其结果必然造成河流分流和入湖水量减少。

1. 气候变化对水位变化的影响

表2.5-4列出了1959～2000年青海湖水位变幅(当年水位与上年水位的差值)以及各年依气温和降水划分的气候类型。青海湖水位下降较明显的年份是1980年、1979年和1991年,水位分别下降了0.35 m、0.32 m、0.28 m,其气候特点表现"暖干"特征,并且

这些年份的上年度气候也多为"暖干"特征,气候特征对水位有一定的滞后效应。水位上升幅度较大的年份分别是 1989 年、1968 年和 1990 年,水位分别上升了 0.33 m、0.27 m、0.24 m,其气候特点分别表现为"湿"、"冷干"、"暖干"特征,气候特征对水位的滞后效应也较为明显。其中 1985 ~ 1988 年气候均表现为偏湿特征,1965 ~ 1967 年也为"冷湿"或"湿"气候。因此,近 50 年来青海湖年际水位升降与气候冷湿和暖干有很大程度的相关性。

表 2.5-4　1959 ~ 2000 年青海湖水位变幅与气候类型对照表

年份	水位变幅 (m)	气温特征	降水特征	年份	水位变幅 (m)	气温特征	降水特征
1959	- 0.01	正常	正常	1980	- 0.35	偏暖	干
1960	- 0.22	正常	干	1981	- 0.17	偏暖	湿
1961	- 0.23	偏冷	正常	1982	0.01	偏冷	正常
1962	- 0.16	偏冷	干	1983	0.08	冷	正常
1963	- 0.16	偏冷	干	1984	- 0.01	正常	偏干
1964	- 0.02	偏冷	正常	1985	- 0.20	正常	湿
1965	- 0.02	偏冷	偏湿	1986	- 0.06	偏冷	偏湿
1966	- 0.14	正常	湿	1987	- 0.07	偏暖	偏湿
1967	0.18	冷	湿	1988	- 0.09	偏暖	湿
1968	0.27	偏冷	干	1989	0.33	正常	湿
1969	- 0.19	偏暖	干	1990	0.24	偏暖	干
1970	- 0.26	偏冷	干	1991	- 0.28	偏暖	干
1971	- 0.11	偏暖	偏湿	1992	- 0.22	正常	干
1972	0.00	偏暖	偏干	1993	0.00	正常	湿
1973	- 0.23	偏暖	干	1994	- 0.02	偏暖	正常
1974	- 0.23	偏冷	正常	1995	- 0.19	正常	偏干
1975	0.02	偏冷	偏湿	1996	- 0.14	偏暖	正常
1976	0.03	偏冷	偏湿	1997	- 0.10	正常	偏干
1977	- 0.11	偏冷	干	1998	- 0.07	暖	湿
1978	- 0.14	正常	干	1999	0.05	暖	湿
1979	- 0.32	偏暖	干	2000	0.01	偏暖	偏干

注:气温特征和降水特征来自《青海湖流域生态环境保护与综合治理规划》。

气候的变化对湖水位的影响主要是通过影响入湖河流的径流量以及湖面降水量和蒸发量来实现的。青海湖水量补给主要是通过入湖河流的径流量、湖面降水以及地下径流补给来实现的,其中前两项为水量补给的主要成分,支出项主要为湖水的蒸发。根据近50 年来青海湖水量平衡及湖区水文气象因子变化分析发现(见图 2.5-7):青海湖水位的年际波动与湖区降水量和入湖地表径流量的波动正向同步,而与湖面蒸发量负向同步,同时湖面蒸发量虽略有下降趋势,但其量仍超过补给量,青海湖水量仍处于亏损状态。在全球气候变暖的背景下,青海湖流域年和多数季节陆面蒸发量有明显增加趋势,即使在流域降水量有增加趋势的情况下,陆面水分的亏损仍加剧,入湖河流的数量和流量减少。

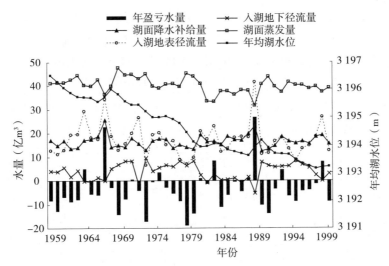

图2.5-7 1959~2000年青海湖年盈亏水量、水位变化与水文气象变化过程图

因此,从短时段尺度来看,气候暖干化是造成青海湖水位下降的主要原因,而冷湿的气候条件可使青海湖水位回升或维持平衡。但从千年级时间尺度来看,青海湖萎缩又是以气温降低、降水减少,即冷干气候为背景的。总之,气候变化是影响青海湖水位升降的主要因素。

2. 人类活动对湖泊水位的影响

根据水资源利用调查评价以及相关研究成果,近50年来青海湖流域国民经济年均耗水量在6 000万 m³ 至9 000万 m³ 之间,占流域地表水资源量的3%~5%。尽管国民经济耗水对青海湖水位的影响不甚显著,但人类活动对湖水位的间接影响是不容忽视的。流域内植被的人为破坏和过度放牧等,致使流域内植被盖度下降,荒漠化趋势加剧,地表的水分涵养能力下降,并且无益的水分消耗增加,最终影响到入湖水量补给减少,湖水位下降。

如上所述,青海湖水位下降是气候变化和人类活动共同影响的结果,其中气候变化占据主导地位。在目前尚不能有效改变流域气候环境的前提下,合理开发利用水资源,加强水资源节约和保护,并适度减少人类活动对流域下垫面的破坏,提高地表水分涵养能力,无疑是减缓水位下降趋势的有效举措。

2.5.4 土地利用动态变化及驱动因素分析

为弄清青海湖流域土地覆盖现状及其变化情况,青海湖流域水资源综合规划专项安排了"青海湖流域土地利用遥感调查"工作,借助 TM、ETM 影像调查了1989年、2000年和2005年青海湖流域土地利用状况,以分析流域植被生态系统演变及驱动因素。

2.5.4.1 土地利用现状及土地覆盖动态变化

1. 青海湖流域土地利用现状

青海湖流域现状土地利用以草地为主(见表2.5-5和附图8青海湖流域土地利用现状图),草地面积15 334 km²,占流域总面积的51.7%;其次是水域湿地,面积为7 122

km²,占24.0%;建设用地最少,仅占0.1%。在不同的水资源分区,土地利用类型随自然条件的变化而有一定差异。除湖东岸河区和湖区外,其他各水资源分区的土地利用以草地为主,占分区面积均超过50%以上,湖东岸河区以荒漠所占面积最广。

表2.5-5　青海湖流域现状土地利用情况表　　　　　　　　　　（单位:km²）

水资源分区或行政区域		耕地	林地	草地	水域湿地	建设用地	荒漠	裸土裸岩	合计
水资源分区	布哈河上唤仓以上区	0	130	3 970	789	1	1 133	1 842	7 865
	布哈河上唤仓以下区	3	538	5 311	947	5	332	881	8 017
	湖南岸河区	39	241	1 182	179	1	6	100	1 748
	倒淌河区	18	99	609	30	1	6	71	834
	湖东岸河区	6	67	394	81	1	496	34	1 078
	哈尔盖河区	41	166	1 624	251	11	152	130	2 376
	沙柳河区	47	179	1 499	379	12	109	143	2 367
	泉吉河区	8	66	722	198	2	0	78	1 073
	湖区	0	1	23	4 269	0	14	4	4 312
县区	天峻县	0	540	7 506	1 534	5	1 428	2 474	13 487
	刚察县	92	363	4 242	2 381	23	194	461	7 756
	共和县	66	489	2 693	2 602	4	164	272	6 289
	海晏县	4	92	894	605	2	463	77	2 137
青海湖流域		162	1 486	15 334	7 122	34	2 249	3 283	29 669
比例(%)		0.5	5.0	51.7	24.0	0.1	7.6	11.1	100.0

青海湖流域现状年低覆盖度草地面积达0.42万km²,占现状草场面积的27.5%。据分析,当前青海湖流域内牲畜总量达到464.2万羊单位,而现状流域理论载畜量为223.9万羊单位(其中天然草场理论载蓄量为210.1万羊单位),超载240.3万羊单位,超载率(超载率=超载畜量/天然草场载蓄量)114.4%。牲畜常年的过度啃食和践踏使部分天然草地得不到休养生息,草层高度降低,优良牧草的比重明显减少,毒杂草增加,草场退化趋势加剧。据具有环湖地区代表性的铁卜加草改站1986～1996年共10年观测的天然牧草发育期、高度和产量分析,平均天然牧草鲜草产量为2 833 kg/hm²,其中前五年为3 287.7 kg/hm²,后五年为2 079.1 kg/hm²,后五年较前五年产量下降约37%;同时10年间禾本科牧草平均高度为24 cm,其中前五年为29 cm,后五年为19 cm,后五年较前五年高度降低了约34%。同时据流域内各县草场的调查情况,草场产草量均有不同程度的下降,且相对优良的高寒草甸草场、高寒灌丛草甸、山地草原草场、疏林草场等面积有不同程度的缩减,而相对较差的荒漠草场面积则不断扩大。因此,随着流域沙漠化土地范围的扩大,天然可利用草场面积减少,同时出现草地优势种群演化、草群结构变化、草地生产力下降等生态功能问题。

湿地是流域内重要的水源涵养地,也是青海湖水体的绿色生态屏障。青海湖流域湿地包括湖泊、河流(含沟渠)、沼泽、冰川等类型。据遥感资料,20世纪90年代以来,青海湖湿地呈现减少趋势,减少的湿地主要变为河滩地和沙地,成为青海湖流域生态退化的重要标志之一。随着湿地的退化,湿地的边缘中生植物、旱生植物种类逐渐侵入,植物群落类型向草甸化的方向演替。湿地涵养水源的功能正在衰退,湿地生态功能和效益下降,严重威胁青海湖水体的生态安全。

2. 青海湖流域土地覆盖变化

通过遥感解译资料分析,1989～2000 年和 2000～2005 年两个时段,面积呈持续增加的土地利用类型有沙地、河流,先减少后增加的有灌木林和高盖度草地,先增加后减少的有平原旱地、低盖度草地、滩地和盐碱地。研究时段内土地利用类型发生变化的主要集中在四个区域:倒淌河区、布哈河上唤仓以下区、哈尔盖河区、湖东岸河区。流域内植被覆盖变化情况具体如下(见表 2.5-6):

表 2.5-6　不同期青海湖流域植被覆盖及其变化情况　　　　(单位:km²)

土地类型	1989 年	2000 年	2005 年	变化量		
				1989～2000 年	2000～2005 年	1989～2005 年
耕地	403	475	161	72	-314	-242
林地	1 387	1 359	1 486	-28	127	99
高盖度草地	4 875	4 752	5 048	-123	296	173
中盖度草地	6 132	6 127	6 074	-5	-53	-58
低盖度草地	4 152	4 303	4 212	151	-91	60
水域湿地	7 264	7 157	7 122	-107	-35	-142
荒漠裸地	5 432	5 466	5 531	34	65	99

(1)耕地。整体上耕地呈先增加后减少趋势,1989～2000 年增加 72 km²。由于 2000 年以来青海湖流域实施了退耕还草工程,2000～2005 年耕地减少 314 km²。

(2)林地。流域内林地的类型只有灌木林地,整体上林地呈现先减少后增加的趋势。1989～2000 年减少 28 km²,2000～2005 年增加 127 km²。

(3)草地。整体上草地面积持续增加,1989～2000 年草地总面积增加 23 km²,其中高、中盖度草地减少 128 km²,低盖度草地增加 151 km²。2000～2005 年,由于退耕还草和流域生态治理工程建设,草地总面积增加 152 km²,其中高盖度草地增加 296 km²,中、低盖度草地减少 144 km²。

(4)水域湿地。整体上水域湿地呈现减少趋势,1989～2000 年减少 107 km²。2000～2005 年减少 35 km²。

(5)荒漠裸地。整体上荒漠是持续增加的,1989～2000 年增加 34 km²,2000～2005 年增加 65 km²。

从 1989 年到 2005 年的 16 年中,土地利用呈缓慢匀速变化,植被生态系统逆向演进过程明显。1989～2000 年发生变化的面积为 1 116 km²,占总土地面积的比例为 3.8%,年平均 0.3%;2000～2005 年发生变化的面积为 1 166 km²,占 3.9%,年平均 0.8%。

2.5.4.2　驱动因素分析

1. 气候因素

气候因素对植物生长和发育是至关重要的,同时对植物群落的组成、发育节律、层片和层次结构以及生物生产量等均产生重要的作用。据铁卜加草改站观测资料,天然牧草返青期与上年度的降水量呈明显的正相关,与蒸发量呈负相关,而牧草的枯黄期与热量及水分条件相关密切,若牧草枯黄期出现干旱天气,则可使牧草提前枯黄。近百年来,青海湖流域经历了一个以暖干化为主的气候时期,如刚察气象站1958~2007年年均气温明显升高,气温变化倾向率为0.27 ℃/(10 a)。由于气候变暖,流域内陆面蒸发加大,尤其是进入20世纪90年代降水又相应减少,空气中相对湿度呈明显减少趋势,干旱尤其是季节性干旱频繁发生,导致牧草返青推迟,有效生长季缩短,产量下降。同时在气候变暖的总体背景下,湖水位不断下降,湖面退缩,湖底泥沙沉积裸露,导致沙区面积不断扩大,植被面积不断减少,从20世纪70年代到90年代湖区森林植被几近消亡。

2. 人为因素

青海湖流域是青藏高原人口相对稠密的地区之一,近50年来,人口增长迅速,从1949年的2.2万人增加到2010年的11.1万人,增加了近4倍,同期牲畜数量增加了2倍多,耕地面积最多时达到70多万亩。由于流域气候条件不适宜发展种植业生产,已有的种植业生产基本采用广种薄收的落后经营方式,部分农田弃耕后未作处理,从而出现沙化现象。同时草地长期超载过牧也加剧了草地退化和沙化。

此外,在湖区基础设施建设中,不合理地开垦草原和乱采滥挖药材、矿藏的行为也是草地退化趋势加剧的原因。

2.5.5 青海湖裸鲤资源现状

2.5.5.1 湖泊和湖滨生物组成及关键物种分析

青海湖流域的气候、环境和水体条件孕育了独特的生物资源。青海湖湖泊和湖滨生物主要包括湖中浮游生物、湖中底栖生物、鱼类、湖滨沼泽生物和鸟类等。青海湖中浮游生物较为丰富,其中浮游动物27属31种,浮游植物共65属,是青海湖裸鲤的主要食料。青海湖的底栖生物群落结构比较简单,主要包括湖底生藻类和底栖动物两类,种类和数量较少。青海湖鱼类区系由鲤科和裂腹鱼亚科的裸鲤属7种及鳅科的条鳅属4种组成。其中青海湖裸鲤是湖中的主要鱼类,是较为珍贵的高原鱼种,具有重要的保护价值。湖滨沼泽生物除华扁穗草、二桂头蔗草和水麦冬等植物群落外,无脊椎动物丰富;湿地中还散布着60多个小湖泊,且多为淡水湖,湖里的生物也比较丰富;另外,还有两栖类、爬行类动物,如蟾蜍等。青海湖流域内有鸟类164种,分属15目35科,10万多只,以水禽为优势。

青海湖裸鲤是青海湖的主要鱼类,占青海湖鱼类资源的95%左右,并且青海湖裸鲤是青海湖生态系统中顶级生物鸟类中肉食性鸟类的食物来源。青海湖裸鲤的食物来源主要是湖中浮游植物、浮游动物、底栖植物和底栖动物。鱼类的唯一性,使得青海湖裸鲤在青海湖生态系统中占有极其重要的地位,其资源的衰竭不仅对鸟类生存构成了威胁,也将会使青海湖生态系统的结构不完整。因此,选择青海裸鲤作为青海湖生态系统关键物种,以其数量的变化情况反映青海湖生态系统的状况。

2.5.5.2 青海湖裸鲤资源变化情况

青海湖裸鲤具有渔业捕捞价值,是渔业经济生态系统中主要的捕捞开发对象,也是与人类生产和生活关系最密切的资源。长期以来,受人类超强度捕捞和产卵场破坏的影响,青海湖裸鲤数量急剧减少,濒临衰竭,并直接影响到青海湖鸟类的食物链,使湖区鱼鸟共生的生态系统失去平衡。

中国科学院西北高原生物所 1975～1979 年连续观测和研究结果显示：青海湖裸鲤在 20 世纪 70 年代的资源量为 5 万 t，年可捕量为 4 791 t。1963～1979 年的平均捕捞量为 4 640 t，接近可捕捞量。这一时期青海湖裸鲤处于相对稳定的时期，但渔获物平均个体重已明显下降，产卵群体低龄化的趋势已经明显表现出来，后备群体的数量减少，影响到后续年份的鱼产量。

20 世纪 80 年代以来，在价格上涨和利益的驱使下，群众捕捞人数大幅度上升，沿湖各州、县、乡和农场成立捕捞队专门从事裸鲤捕捞，使裸鲤资源急剧下降。1986～1989 年的封湖育鱼对产卵场的保护起到一定作用，裸鲤资源有所恢复。进入 20 世纪 90 年代，由于气候干旱化趋势和人类活动加剧，亲鱼产卵场进一步缩小，特别是春夏之交的干旱灾害频繁发生，布哈河等主要入湖河流来水大幅度减少，到产卵季节大量亲鱼滞留河口、浅水区，被大量捕捉。据中国水产学会湖泊渔业专家组 1994 年研究测定，青海湖裸鲤资源量约为 7 500 t，裸鲤资源濒临灭绝。

此外，20 世纪六七十年代由于农业生产的需要，在沙柳河、泉吉河等入湖河流上建设拦河坝，阻断了青海湖裸鲤产卵亲鱼的洄游通道。亲鱼不能上溯洄游，造成青海湖裸鲤自然补充群体急剧减少和渔业生态环境退化。1995 年布哈河断流造成约 300 t 亲鱼死亡，2001 年沙柳河断流造成了近百吨亲鱼死亡。

总之，水体环境的变化和人类捕捞、兴修水利、污水排入等活动对青海湖裸鲤的资源产生了深刻的影响。

2.6 水资源利用和生态环境存在的主要问题

1. 湖水位下降，湖面萎缩，湖水矿化度升高

据 1956～2010 年青海湖水位监测资料，湖水位总体呈下降趋势，55 年间下降了 3.02 m，以每年近 6 cm 的速度下降，湖面积缩小 274 km²，储水量减少约 133 亿 m³。青海湖正从单一的高原大湖泊分裂为"一大数小"的湖泊群。同时青海湖水位的下降，导致湖水矿化度增加。据测定，青海湖湖水矿化度由 1962 年的 12.5 g/L 上升到 2008 年的 15.6 g/L。青海湖水体矿化度的升高，一定程度上影响了水生饵料生物和青海湖裸鲤的生长发育，鱼类资源的生境受到威胁，进而影响到鱼鸟共生生态系统的循环。

2. 用水效率偏低

2010 年青海湖流域人均用水量 902 m³，是青海省平均水平（566 m³）的 1.6 倍，是全国平均水平（451 m³）的 2.0 倍；万元 GDP 用水量 882 m³，是青海省平均水平（395 m³）的 2.2 倍，是全国平均水平（229 m³）的 3.9 倍。同时青海湖流域灌溉工程大部分建于 20 世纪 50～70 年代，设计标准低，工程配套不全，老化现象严重，灌溉效率低下，现状年全流域灌溉水利用系数为 0.31，其中哈尔盖河区刚察县灌溉水利用系数为 0.26，沙柳河区灌溉水利用系数为 0.34，泉吉河区灌溉水利用系数为 0.30，其他水资源分区的灌溉水利用系数为 0.40～0.43，均低于中小型灌区节水标准的灌溉水利用系数 0.60～0.70。与青海省和全国平均水平相比，青海湖流域水资源利用方式还很粗放，用水效率较低，浪费仍很严重，节水管理与节水技术还比较落后，与经济社会发展、生态环境保护双重压力的缺水形

势形成强烈反差。

3. 人畜饮水安全问题仍比较突出

在国家和水利部的大力支持下,青海湖流域人畜饮水工程建设取得了一些成绩,但由于受各种因素的影响,仍有部分群众饮水安全难以保证。流域内农牧民居住相对分散,且大多分布在自然条件差、经济落后、交通不便的地区,饮水工程一般单项规模较小、分布范围广、受益人口少,单位投资大、运行成本高,加之流域内农牧民生活不富裕,承受能力有限,工程维护管理和经营难度很大,造成部分工程建成后运行不久就因工程失修、冻涨、水源枯竭等原因无法发挥效益;饮水工程建设和供水标准较低,有些工程的建设标准已不适应当前农村牧区的发展要求。

4. 草地超载过牧,生态环境呈恶化态势

青海湖流域以草地生态系统为主,2010 年草地面积约为 1.53 万 km^2,其中低覆盖度草地面积达 0.42 万 km^2,占现状草场面积的 27.5%。据统计分析,现状年青海湖流域内牲畜总量达到 464 万羊单位,而现状流域理论载畜量为 224 万羊单位,超载 240 万羊单位,超载率 114.4%,其中沙柳河区草场超载最为严重,超载率达到 248.9%,哈尔盖河区刚察县超载率为 221.6%,而布哈河上唤仓以上区基本不超载。牲畜常年的过度啃食和践踏使部分天然草地得不到休养生息,草层高度降低,优良牧草的比重明显减少,毒杂草增加,草场退化趋势加剧。在草场退化的同时,流域内湿地环境质量也在下降,随着原有湿地小丘凸起、干裂、泥炭外露,湿生植物逐渐被中生植物所代替,水源涵养功能减退。据遥感资料,20 世纪 90 年代以来,青海湖湿地呈现减少趋势,1989～2000 年减少 107 km^2,2000～2005 年减少 35 km^2。同时环青海湖地区生态环境脆弱,旅游开发活动对青海湖生态环境带来潜在的压力。

5. 水资源监测和管理落后

青海湖流域是少数民族聚居区,水资源管理落后,监测系统和有效监督机制不完善。由于该地区自然条件恶劣,水资源监测和生态环境监测系统建设严重滞后,不能及时掌握源区水资源、生态环境及水环境变化情况。水文站、雨量站数量严重不足,生态环境监测主要依托地面气象观测站、专业(牧业)气象观测站等,且监测系统性差,难以满足流域水资源及生态环境管理的需要。同时流域内各县专业的水利人才缺乏,地方水务部门办公条件差、工资福利待遇偏低,严重影响了水务部门职工队伍稳定,给水资源管理加大了难度。

3 青海湖流域水资源利用与保护的指导思想和目标任务

3.1 指导思想和原则

3.1.1 指导思想

以科学发展观为统领,坚持人水和谐的理念,全面贯彻国务院《关于支持青海等省藏区经济社会发展的若干意见》(国发〔2008〕34 号)和 2011 年中央一号文件精神,按照《全国主体功能区规划》要求,以维持流域水资源、经济社会、生态环境协调发展为主线,加快建设节水型社会,积极实施生态环境保护,统筹协调水资源开发利用、经济社会发展与生态环境保护的关系,以水资源的可持续利用支撑经济社会的可持续发展和改善环境、维系生态平衡。

3.1.2 原则

(1)坚持生态保护优先的原则。在青海湖流域水资源利用与保护研究中,将生态环境保护放在首要位置,针对青海湖湖面萎缩、生态退化的核心问题,以水定草、以草定畜、草畜平衡,减轻人为因素对生态环境的影响,积极实施生态保护措施,促进青海湖流域及更大范围的生态良性维持。

(2)坚持全面规划和统筹兼顾的原则。坚持全面规划、统筹兼顾、有效保护、合理利用、综合治理,妥善处理湖泊与入湖河流、开发与保护等各方面的关系。

(3)坚持以水资源可持续利用支持区域经济社会协调发展的原则。统筹协调生活、生产和生态用水,在重视生态保护的同时,合理安排区域节约用水和水利工程建设,强化水资源的节约与保护,积极防治水污染和水生态破坏,实现水资源的可持续利用,支撑区域经济社会建设。

(4)坚持因地制宜、突出重点的原则。根据各分区水资源状况和生态环境特征,确定适合本地实际的水资源开发利用和生态环境保护模式,确定水资源利用、节约和保护的重点。

3.2 范围和水平年

研究范围为青海湖流域,包括海西蒙古族藏族自治州的天峻县、海北藏族自治州的海晏县和刚察县、海南藏族自治州的共和县及青海湖湖面,涉及 3 州 4 县 25 个乡(镇),面积为 2.97 万 km²。

以 2010 年为现状年,2020 年为近期水平年,2030 年为远期水平年。

3.3　研究目标和任务

3.3.1　总体目标

通过加强节水和用水控制,优化配置水资源,缓解流域水资源供需矛盾;积极推进草畜平衡,控制超载过牧,控制入河湖污染物量,减少人为因素对青海湖流域生态环境的逆向干扰,使河湖水生态系统得到有效保护,为保障流域及相关地区生态安全创造条件;加强水利工程建设,提高当地居民生活条件,促进经济社会和谐发展。

3.3.2　分期目标

3.3.2.1　近期(2020 年)目标

节水型社会建设初见成效,灌溉水利用系数提高到 0.55,万元工业增加值取水量下降至 90 m³,工业用水重复利用率达到 75%,城镇供水管网漏失率下降至 15%;流域内多年平均河道外用水总量控制在 1 亿 m³;布哈河口水文站断面多年平均生态环境用水量不少于 21 000 万 m³,其中 6~9 月不少于 20 000 万 m³;刚察水文站断面多年平均生态环境用水量不少于 5 900 万 m³,其中 6~9 月不少于 5 800 万 m³;增强流域内人工补饲能力建设,新增草灌面积 18.56 万亩,结合适当减畜,基本实现草畜平衡;基本建立生态环境建设用水保障体系,保护和恢复流域内林草植被,遏制土地退化的趋势;加大人畜饮水工程建设力度,优先发展集中式供水工程,解决农牧区人畜饮水困难;加强城镇供水工程建设,全面解决县级城镇的集中式饮用水水源地安全保障;流域内城镇生活污水处理率达到 75%,工业废水达标处理率达到 100%,水污染得到有效控制;进一步加强水资源管理法规建设,促进水资源管理水平提高。

3.3.2.2　远期(2030 年)目标

初步建成节水型社会,农业灌溉水利用系数由 2020 年的 0.55 提高到 0.65,万元工业增加值取水量下降到 70 m³,工业用水重复利用率达到 80%,城镇供水管网漏失率下降至 13%;多年平均河道外用水总量控制在 1 亿 m³;满足河道内生态环境用水量及过程,布哈河口水文站断面多年平均生态环境用水量不少于 21 000 万 m³,其中 6~9 月不少于 20 000 万 m³;刚察水文站断面多年平均生态环境用水量不少于 5 900 万 m³,其中 6~9 月不少于 5 800 万 m³;在遏制生态环境恶化的势头后,使青海湖流域生态环境走上良性循环的轨道;大力发展生态畜牧业建设,优化产业结构,同时增强流域内人工补饲能力建设,累计新增草灌面积 23.86 万亩,实现草畜平衡;深化农牧区供水管理体制改革,强化水源保护、水质监测和社会化服务,建立健全城乡人畜饮水安全保障体系;流域内城镇生活污水处理率达到 80%,水功能区全面实现水质达标,水污染得到根本遏制;完善水资源管理与服务体系,实现生态功能恢复、人民生活水平提高、人与自然和谐相处。

3.3.3　主要任务

3.3.3.1　建立科学用水模式

强化节约用水,建设节水型社会,提高水资源利用效率和效益。农业节水要以提高灌溉水利用系数为核心,加强灌区配套与节水改造。工业节水要通过严格定额管理、取水许可审批、用水与节水计划考核等措施,促进企业节水,提高工业用水的重复利用率。城市节水要加强供水管网改造,减少跑冒滴漏,加大污水处理力度,提高再生水利用程度;同时加快节水型服务业建设。通过以上措施,减少用水定额,提高用水效率和效益。

调整用水模式,严格控制用水总量增长。青海湖流域要以水定供,农牧业发展要禁止盲目扩大灌溉面积,积极调整种植结构,积极推进草畜平衡,控制超载过牧,在控制用水量的情况下求发展;工业方面要根据水资源条件积极推进产业结构和工业布局调整,加强用水需求管理,控制高耗水产业发展,严格控制用水增长速度。

3.3.3.2　制订水资源配置方案

制订水资源总体配置方案。根据青海湖水量消耗规律,以优先保证城乡生活用水和基本的生态环境用水为出发点,严格控制入湖河流主要断面下泄水量,统筹安排工业、农业和其他行业用水,同时通过增加青海湖流域地表供水工程能力和适当增加地下水开采量,保障经济社会可持续发展和生态环境保护对水资源的合理需求。

保障重点领域和地区供水安全。在节约用水的前提下,合理调配水源,改造和扩建现有水源地,科学规划新建水源地,提高供水能力,保障城乡饮水安全;在已有灌区大力加强节水配套改造、提高农业用水效率和效益的基础上,在水土资源较匹配的地区适度发展灌溉面积,为农牧业生产提供水资源保障。加强对水源的涵养,加快应急备用水源建设,提高水资源应急调配能力。

3.3.3.3　加强水资源保护

实行污染物入河总量控制。以保障饮用水安全、恢复和保护水体功能、改善水环境为前提,根据水功能区的功能目标要求核定水域纳污能力,提出污染物入河限制排放总量意见。

加强点污染源和非点污染源的治理与控制。通过多部门协作,加大水污染治理力度。工业企业废污水全部实现达标排放,加快城镇污水管网和处理设施建设,提高污水处理程度和处理水平,减少废污水和污染物的排放量;加强对重要水源地水污染防治和水资源保护的力度。同时,要通过提高城镇垃圾和畜禽养殖污染物的收集处理水平与程度,采取有利于生态环境保护的土地利用方式和农牧业耕作方式,科学使用化肥、农药;完善农牧区生态环境综合整治,草地封育、涵养水源,水土流失防治等流域综合治理措施,逐步控制非点源污染负荷,减少非点源污染入河量。

3.3.3.4　修复和保护水生态

合理安排生态用水、维护河流健康。根据河流的水资源条件和生态保护的要求,确定维护河流健康和改善人居环境的生态需水量,合理配置河道内生态用水,保障河道内基本的生态用水要求。要在积极调整产业结构,充分挖掘本地水资源潜力的基础上,统筹配置区域水资源,在保障供水安全的同时,逐步退还挤占的生态环境用水,逐步修复河湖湿地水生态。要建立河湖生态环境用水保障和补偿机制,维护河湖健康。

要加强地下水资源的保护和涵养,以应对特殊干旱时期和突发紧急情况下的应急用水要求。

3.3.3.5　加强水资源综合管理

建立健全区域水资源可持续利用协调机制,完善以区域为主的水资源管理体制,建立适应社会主义市场经济要求的集中统一、依法行政、具有权威的管理体制,探索建立以区域为主的科学决策民主管理机制。

建立以水功能区为基础的水资源保护制度。制订水功能区管理条例,以主要河流水功能区为单元,根据水功能区纳污能力控制污染物入河总量;加强对入河排污口的登记、审批和监督管理,实行入河排污总量控制;合理划定城市饮用水水源地的保护范围,加强对饮用水水源地的保护和安全监督管理。

逐步建立水生态保护制度。根据水资源承载能力,合理确定主要河流生态用水标准、控制指标及地下水系统的生态控制指标,在水资源配置中统筹协调人与自然用水,建立生态用水保障机制和生态补偿机制,发挥水资源的多种功能,维护河湖健康。

4 青海湖流域水资源供需及配置

4.1 国民经济发展指标预测

青海湖流域涉及青海省海北州的刚察县和海晏县、海西州的天峻县和海南州的共和县。区域地广人稀,自古以来一直以原始的高山畜牧业为主,新中国成立后才发生了一些变化。2010 年流域内总人口 11.11 万人,平均人口密度 3.7 人/km²,民族结构以藏族为主。

青海湖流域现有各乡镇均以牧业为主体经济,兼营农业。流域内还有 5 个省、州、县属国有农牧场,从事着农牧业生产经营活动,包括青海省农牧厅管辖的三角城种羊场、三江集团公司管理的湖东种羊场和铁卜加草原改良试验站、海北州管辖的青海湖农场和刚察县属黄玉农场。青海湖流域畜牧业历史悠久,1949 年流域内有大小牲畜 90 万头(只),1985 年流域内牲畜发展到 226.5 万头(只),2010 年流域内牲畜增加到 284.8 万头(只)。新中国成立前,流域内只有零星耕地分布在共和县石乃亥一带,耕作粗放,产量很低;新中国成立后,开始在海拔 3 200 m 以上的湖滨地区开发土地,兴办农场,种植粮油作物和饲草饲料作物,使农业得到较大的发展,也促进了畜牧业的发展,但是由于盲目大开荒,草原生态环境遭受破坏。随着西部大开发和生态环境治理,从 2000 年开始,流域内实施退耕还林还草工程,截至 2010 年,流域内保留耕地面积 24.17 万亩。青海湖流域工业基础相对薄弱,主要工业行业有铅锌矿采选、肉类加工、建材、网围栏制造等,规模小、产量低、用水量也少,2010 年流域内工业增加值仅 0.27 亿元。

2010 年青海湖流域国内生产总值为 11.36 亿元,人均 GDP 为 10 223 元。青海湖流域三次产业结构为 39.8∶12.8∶47.4。青海湖流域的风光名胜,以其高原湖泊的烟波浩淼、波澜壮观、碧波万顷而闻名于世,每年吸引着数十万国内外游客前来观光。青藏、青新公路和青藏铁路横贯青海湖流域,还有省道和省级旅游公路相接,形成一个完整的环湖交通圈。截至 2010 年,环青海湖国际公路自行车赛已举行了九届,每次都吸引了众多观众,同时旅游资源的开发也带动了当地其他产业的发展。

4.1.1 人口与城镇化

青海湖流域人口以藏族为主,其余还有汉、蒙古、回、撒拉等民族。其中,藏族占全流域少数民族人数的 90%以上。1949 年,青海湖流域共有人口 2.23 万人,1953 年第一次人口普查为 3.03 万人,年平均自然增长率 7.7%。1964 年第二次人口普查为 4.81 万人,与 1953 年相比净增 1.78 万人,年平均自然增长率为 4.3%。1982 年第三次人口普查,达到 7.68 万人,与 1964 年相比,19 年间共增加 2.87 万人,年平均自然增长率为 2.6%。2010 年青海湖流域总人口达到 11.11 万人,1982~2010 年人口增长率为 1.32%,高于全国平均水平。青海湖流域历年人口变化情况见表4.1-1。

表4.1-1 青海湖流域历年人口变化情况表 （单位：万人）

年份	刚察县	海晏县	共和县	天峻县	合计
1949	0.83	0.42	0.56	0.42	2.23
1953	1.32	0.56	0.64	0.51	3.03
1960	3.13	0.22	1.44	0.59	5.38
1964	2.90	0.21	0.97	0.73	4.81
1979	4.03	0.44	2.11	1.35	7.93
1982	4.10	0.52	1.87	1.19	7.68
1985	4.26	0.59	2.30	1.25	8.40
2004	3.95	0.72	2.55	1.34	8.56
2010	5.04	0.70	2.78	2.59	11.11
1949~1964年年平均自然增长率(%)	8.73	-4.56	3.71	3.75	5.27
1964~1982年年平均自然增长率(%)	1.94	5.29	3.70	2.74	2.64
1982~2010年年平均自然增长率(%)	0.74	1.07	1.43	2.82	1.32

青海湖流域是以藏族为主聚居的农牧区，受人口增长惯性作用和国家人口政策的影响，人口增长率较高。参考《青海省水资源综合规划》、流域内各县国民经济和社会发展第十二个五年规划纲要及县城总体规划，预计2020年和2030年流域内总人口分别为12.57万人和13.68万人，人口增长率分别为9.5‰和8.5‰。详见表4.1-2。

表4.1-2 青海湖流域人口预测 （单位：万人）

水资源分区或行政区域		总人口			城镇人口			城镇化率(%)		
		2010年	2020年	2030年	2010年	2020年	2030年	2010年	2020年	2030年
水资源分区	布哈河上唤仓以上区	0.34	0.39	0.42	0.01	0.04	0.08	2.9	10.3	19.0
	布哈河上唤仓以下区	3.22	3.66	4.00	1.07	1.67	2.05	33.2	45.6	51.3
	湖南岸河区	1.15	1.30	1.42	0.04	0.15	0.28	3.5	11.5	19.7
	倒淌河区	1.01	1.14	1.25	0.32	0.49	0.66	31.7	43.0	52.8
	湖东岸河区	0.46	0.52	0.57	0.12	0.17	0.22	26.1	32.7	38.6
	哈尔盖河区	1.67	1.88	2.05	0.10	0.29	0.51	6.0	15.4	24.9
	沙柳河区	2.53	2.85	3.09	1.68	1.79	2.26	66.4	62.8	73.1
	泉吉河区	0.73	0.82	0.89	0.05	0.13	0.23	6.8	15.9	25.8
县区	天峻县	2.59	2.95	3.23	1.04	1.58	1.90	40.2	53.5	58.9
	刚察县	5.04	5.68	6.17	1.83	2.23	3.03	36.3	39.3	49.1
	共和县	2.78	3.15	3.43	0.51	0.86	1.21	18.3	27.3	35.3
	海晏县	0.70	0.79	0.86	0.01	0.07	0.15	1.4	8.9	17.4
青海湖流域		11.11	12.57	13.68	3.39	4.74	6.29	30.5	37.7	45.9

2010 年青海湖流域城镇人口为 3.39 万人,城镇化率为 30.5%。随着农牧民定居工程和城镇化发展,青海湖城镇人口将呈现较快增长,预计 2020 年和 2030 年城镇人口分别达到 4.74 万人和 6.29 万人,城镇化率分别为 37.7% 和 45.9%,2030 年比 2010 年提高了 15.4 个百分点,各县城镇化水平提高显著。

4.1.2　国内生产总值发展预测

4.1.2.1　国内生产总值预测

目前青海湖流域经济水平相对较低,在未来一段时间内,随着国家经济发展战略的调整,投资力度向中西部倾斜,青海湖流域经济发展将呈持续、稳定的态势,但受青海湖流域生态环境保护以及自身发展基础薄弱的限制,增速不会太快。

参考《青海省水资源综合规划》、流域内各县国民经济和社会发展第十二个五年规划纲要以及县城总体规划,预计到 2020 年和 2030 年水平青海湖流域国内生产总值分别达到 23.5 亿元和 36.0 亿元,2010～2020 年和 2020～2030 年年均增长率分别为 7.6% 和 4.4%,2010～2030 年年均增长率为 5.9%。详见表 4.1-3。

表 4.1-3　青海湖流域国内生产总值预测表　　　　　　（单位:万元）

水资源分区或行政区域		2010 年	2020 年		2030 年		2010～2030 年年均增长率(%)
			GDP	增长率(%)	GDP	增长率(%)	
水资源分区	布哈河上唤仓以上区	6 310	12 740	7.3	19 056	4.1	5.6
	布哈河上唤仓以下区	36 892	75 533	7.4	114 712	4.3	5.8
	湖南岸河区	12 386	25 961	7.7	39 403	4.3	6.0
	倒淌河区	8 613	18 140	7.7	28 068	4.5	6.1
	湖东岸河区	3 609	7 444	7.5	10 910	3.9	5.7
	哈尔盖河区	16 729	35 279	7.7	55 084	4.6	6.1
	沙柳河区	22 931	47 657	7.6	74 273	4.5	6.1
	泉吉河区	6 082	12 520	7.5	18 794	4.1	5.8
县区	天峻县	32 333	65 508	7.3	99 679	4.3	5.8
	刚察县	46 093	96 438	7.7	149 686	4.5	6.1
	共和县	27 338	57 447	7.7	87 311	4.3	6.0
	海晏县	7 789	15 881	7.4	23 624	4.1	5.7
青海湖流域		113 552	235 274	7.6	360 300	4.4	5.9

4.1.2.2　三产结构预测

2010 年青海湖流域三次产业结构为 39.8:12.8:47.4。根据青海湖流域生态环境保护的需要,流域将持续推进草畜平衡,减畜将使第一产业增加值占 GDP 的比重持续下降;工业发展基础薄弱且受限,第二产业的比重将逐渐减少,主要是优化内部结构;依托丰富的旅游资源,第三产业比重提高。预计到 2030 年水平,青海湖流域三次产业结构将调整为 36.9:11.2:51.9。

4.1.3　农林牧灌溉面积

4.1.3.1　流域退耕还林还草情况

新中国成立前,青海湖流域内只有零星耕地分布在共和县石乃亥一带,耕作粗放,产量很低。新中国成立后,开始在湖滨地区开发土地,兴办农场,种植粮油作物和饲草饲料作物,使农业得到较大的发展,1989～2000年流域内耕地面积增加了10.8万亩,耕地面积达到71.25万亩。由于流域所处的地理位置和环境特点,形成湖南部热量条件较好却相对缺水,湖北部淡水资源相对丰富但热量条件较差的水热分布不均匀的局面。农田多采取轮种歇闲的生产经营方式,每年都有一定数量的耕地被作为歇闲地而未加利用,耕地实际利用效率较低。同时种植的农作物品种单一,以白菜型油菜和青稞为主,生产能力低下,种植业长期处于广种薄收的较低生产水平。由于盲目大开荒,草原生态环境遭受破坏。自2000年以来,流域内各县先后实施了退耕还林还草工程,考虑到退耕后各乡(镇)农户和农牧场职工的基本生活保障问题,需要保留足够的基本生活田,同时作为青海湖独特的旅游景观,仍需保留一定面积的油菜地。2010年流域内共有农田耕地24.17万亩。

4.1.3.2　农林牧灌溉面积预测

新中国成立前,环青海湖地区水利几乎是一片空白,通过五十多年的建设,水利工作得到了一定的发展,形成了以引水工程为主的农林牧灌溉供水系统。青海湖流域农林牧引水灌溉工程主要集中在湖滨北部哈尔盖河区、沙柳河区及泉吉河区,湖滨东南部倒淌河区、布哈河上唤仓以下区也有部分灌溉工程分布。

根据青海湖流域的实际情况,今后农林牧灌溉发展的重点是做好现有灌区的改建、续建配套、节水改造等,并提高管理水平,充分发挥现有有效灌溉面积的经济效益,在巩固已有灌区的基础上,采用集中和分散相结合的形式,发展节水灌溉饲草料工程。

据统计,2010年青海湖流域有效灌溉面积为30.27万亩,其中农田灌溉面积7.75万亩,林灌面积15.10万亩,草灌面积7.42万亩。2010年青海湖流域退耕还林还草工程已基本完成,规划水平年农田面积基本稳定,因此规划水平年农田灌溉面积不再增加,同时考虑到现状年有灌溉或浇水条件的造林地也基本在实施灌溉,规划水平年林地灌溉面积也不再增加。

为满足流域内高效畜牧业发展,提高补饲、设施养畜和抵御自然灾害等能力,需要加大草场灌溉面积。根据青海湖各县水土资源和畜牧业发展情况,结合《青海省水资源综合规划》、流域内各县国民经济和社会发展第十二个五年规划纲要以及"十二五"水利发展规划,预计2020年草灌面积增加到25.98万亩,增加18.56万亩,青海湖流域有效灌溉面积达到48.83万亩。2030年青海湖流域有效灌溉面积达到54.13万亩,其中草场灌溉面积达到31.28万亩,在2020年的基础上增加5.30万亩。详见表4.1-4。

草场灌溉面积发展主要包括已有灌区续建配套及节水改造扩大灌溉面积和新建草场灌溉两部分。已有灌区续建配套及节水改造发展灌溉饲草料地主要为刚察县哈尔盖镇新塘曲饲草料地工程、青海湖农场灌区、黄玉灌区和红河渠灌区,从2010年至2030年增加草灌面积19.96万亩。新建草场灌溉工程主要有铁卜加草改站饲草料地工程、海晏县饲草料地工程等,从2010年至2030年将增加草灌面积3.90万亩。

表 4.1-4 青海湖流域农林牧灌溉面积发展预测 （单位：万亩）

水资源分区或行政区域		2010 年				2020 年				2030 年			
		农田	林地	草地	合计	农田	林地	草地	合计	农田	林地	草地	合计
水资源分区	布哈河上唤仓以上区												
	布哈河上唤仓以下区	0.19		0.16	0.35	0.19		1.06	1.25	0.19		1.06	1.25
	湖南岸河区												
	倒淌河区	0.15			0.15	0.15			0.15	0.15			0.15
	湖东岸河区		0.91	1.41	2.32		0.91	1.41	2.32		0.91	1.41	2.32
	哈尔盖河区	3.00	6.30	3.06	12.36	3.00	6.30	14.77	24.07	3.00	6.30	19.37	28.67
	沙柳河区	4.11	7.89	1.32	13.32	4.11	7.89	7.27	19.27	4.11	7.89	7.97	19.97
	泉吉河区	0.30		1.47	1.77	0.30		1.47	1.77	0.30		1.47	1.77
县区	天峻县												
	刚察县	6.86	14.19	6.01	27.06	6.86	14.19	19.27	40.32	6.86	14.19	24.07	45.12
	共和县	0.15	0.91	1.41	2.47	0.15	0.91	2.31	3.37	0.15	0.91	2.31	3.37
	海晏县	0.74			0.74	0.74		4.40	5.14	0.74		4.90	5.64
青海湖流域		7.75	15.10	7.42	30.27	7.75	15.10	25.98	48.83	7.75	15.10	31.28	54.13

4.1.4 草畜平衡和牲畜预测

青海湖流域草地资源为畜牧业发展提供了良好的基础条件。长期以来，流域内各乡村主要依靠游牧来维持生计，粗放式的经营使农牧民以提高牲畜数量来满足收入增加的需要，然而这种经营方式使草场严重超载，草场的破坏十分严重。随着流域社会经济的发展，目前草畜供需矛盾突出已成为制约畜牧业发展和生态环境恶化的主要原因之一。因此，必须严格控制天然草场的载畜量，同时按照"水、草、畜"平衡的总体控制目标，坚持生态环境保护、发展高效畜牧业、农牧民实现小康生活相统一的原则，科学有效推进草畜平衡制度，力争规划期内实现草畜平衡。不同水平年青海湖流域合理载畜量分析见表 4.1-5。青海湖流域牲畜发展规模见表 4.1-6。

表 4.1-5 青海湖流域不同水平年合理载畜量分析表

项目		单位	2010 年	2020 年	2030 年
天然可利用草地	面积	万亩	2 165	2 105	2 105
	折合可食牧草量	亿 kg	10.20	9.27	10.07
	合理载畜量	万羊单位	210	191	207
饲草料地及其他途径补饲	折合可食牧草量	亿 kg	0.67	2.20	2.57
	合理载畜量	万羊单位	14	45	53
总合理载畜量		万羊单位	224	236	260

表 4.1-6　青海湖流域牲畜规模发展趋势预测　　　（单位：万羊单位）

水资源分区或行政区域		2010 年	2020 年	2030 年
水资源分区	布哈河上唤仓以上区	33.4	40.4	43.9
	布哈河上唤仓以下区	144.6	65.4	70.7
	湖南岸河区	57.5	21.8	23.6
	倒淌河区	27.4	11.0	11.8
	湖东岸河区	25.5	10.8	11.5
	哈尔盖河区	66.2	43.3	51.9
	沙柳河区	77.9	31.5	34.1
	泉吉河区	31.7	12.0	12.8
县区	天峻县	117.2	76.8	83.4
	刚察县	190.2	86.7	98.4
	共和县	118.8	52.5	56.4
	海晏县	38.0	20.2	22.1
青海湖流域		464.2	236.2	260.3

4.1.4.1　现状超载状况

据调查统计,2010 年青海湖流域牲畜存栏数为 284.8 万头（只）,其中大牲畜 44.9 万头,小牲畜 239.9 万只。按照 1 头大牲畜折算 5 个羊单位、1 只小牲畜折算 1 个羊单位计算,2010 年青海湖流域牲畜存栏数为 464.2 万羊单位,牧民人均养畜量约为 59 个羊单位。2010 年青海湖流域天然草场总面积约 2 300 万亩,其中天然可利用草场面积 2 165 万亩,天然可利用草场可食牧草产量为 10.20 亿 kg（折合干草,下同）。此外,通过各种补饲途径（包括人工种草、灌溉饲草料地等）可提供饲草料 0.67 亿 kg。因此,2010 年青海湖流域总可食牧草产量为 10.87 亿 kg。按照 1 个羊单位 1 天需要干草量 1.33 kg,2010 年青海湖流域理论可养畜量为 223.9 万羊单位（其中天然草场理论载畜量为 210.1 万羊单位）,与实际的牲畜饲养量 464.2 万羊单位相比,超载 240.3 万羊单位,超载率为 114.4%。

4.1.4.2　规划水平年养畜能力预测

依据全国和青海省水资源综合规划以及牧区草原生态保护水资源保障规划成果,结合本次规划目标,在规划水平年草畜平衡分析时,扣除青海湖国家级自然保护区永久禁牧的 60 万亩草地,同时考虑轮牧面积规划年产草量为现状年的 70%。2020 年和 2030 年天然可利用草地可食牧草总产量分别达到 9.27 亿 kg 和 10.07 亿 kg,再加上各种补饲途径可提供的饲草料量（折合干草）分别为 2.20 亿 kg 和 2.57 亿 kg,可分别提供 236 万羊单位和 260 万羊单位养畜能力。

4.1.4.3　核减超载牲畜和规划年牲畜规模

针对目前青海湖流域草原生态恶化的情况,畜牧业发展应按照"整合资源、规模经营、划区轮牧、以草定畜"的理念,合理调整畜群结构,缩短生产周期,同时发展多种经营,设法增加牧民的非牧业收入,并结合适当减畜,实现牧民收入可持续增长和生态环境保护的双赢。

到 2020 年,通过草地自然复壮以及适当发展人工种草和灌溉饲草料地,为达到草畜平衡,青海湖流域总牲畜应维持在 236.2 万羊单位,牧民人均养畜量为 30 个羊单位,其中流域内天峻县为 76.8 万羊单位,刚察县为 86.7 万羊单位,共和县为 52.5 万羊单位,海晏县为 20.2 万羊单位。到 2030 年,考虑草地进一步复壮以及灌溉饲草料地建设,为达到草畜平衡,青海湖流域总牲畜应维持在 260.3 万羊单位,牧民人均养畜量为 35 个羊单位,其中流域内天峻县为 83.4 万羊单位,刚察县为 98.4 万羊单位,共和县为 56.4 万羊单位,海晏县为 22.1 万羊单位。

4.1.5　工业

青海湖流域内工业基础相对薄弱,主要工业行业有铅锌矿采选、肉类加工、建材、网围栏制造等,规模小、产量低,受青海湖保护和当地资源条件限制,未来工业发展不宜太快。2010 年青海湖流域工业增加值为 2 724 万元,到 2020 年和 2030 年将分别达到 9 072 万元和 20 511 万元,2010～2020 年、2020～2030 年年均增长率分别为 12.8% 和 8.5%,20 年年均增长率为 10.6%。详见表 4.1-7。

表 4.1-7　青海湖流域工业预测表　　　　　　　　　　　　　　（单位:万元）

水资源分区或行政区域		2010 年增加值	2020 年增加值	2030 年增加值	2010～2030 年年均增长率(%)
水资源分区	布哈河上唤仓以上区	150	471	1 065	10.3
	布哈河上唤仓以下区	786	2 621	5 926	10.6
	湖南岸河区	0	16	37	—
	倒淌河区	0	16	37	—
	湖东岸河区	0	33	74	—
	哈尔盖河区	1 127	3 736	8 446	10.6
	沙柳河区	627	2 065	4 670	10.6
	泉吉河区	34	113	255	10.6
县区	天峻县	814	2 659	6 011	10.5
	刚察县	1 910	6 288	14 217	10.6
	共和县	0	82	186	—
	海晏县	0	43	97	—
青海湖流域		2 724	9 072	20 511	10.6

4.1.6　建筑业及第三产业

4.1.6.1　建筑业

2010 年青海湖流域建筑业增加值为 11 807 万元,随着城市化和工业化进程的加快,建筑业增加值将提高,但考虑到流域人口增长和游牧民定居工程已基本完成,预计 2020 年和 2030 年建筑业增加值分别达到 17 339 万元和 20 124 万元,2030 年与 2010 年相比增长了 0.7 倍。详见表 4.1-8。

4.1.6.2　第三产业

2010 年青海湖流域第三产业增加值为 53 788 万元,占流域 GDP 的 47.4%。随着旅游业发展和城市化进程的加快,第三产业增加值以高于 GDP 的发展速度增长,预计 2020 年和 2030 年青海湖流域第三产业增加值将分别达到 114 725 万元和 186 876 万元, 2010～2020 年年均增长率为 7.7% ,2020～2030 年年均增长率为 5.0% ,20 年年均增长率为 6.4%。详见表 4.1-9。

表 4.1-8　青海湖流域建筑业预测表　　　　　　　（单位:万元）

水资源分区或行政区域		2010 年增加值	2020 年		2030 年		2010～2030 年年均增长率(%)
			增加值	增长率(%)	增加值	增长率(%)	
水资源分区	布哈河上唤仓以上区	1 097	1 611	3.9	1 870	5.5	2.7
	布哈河上唤仓以下区	5 056	7 425	3.9	8 618	5.5	2.7
	湖南岸河区	248	365	3.9	423	5.5	2.7
	倒淌河区	132	194	3.9	225	5.5	2.7
	湖东岸河区	248	364	3.9	423	5.5	2.7
	哈尔盖河区	2 039	2 995	3.9	3 476	5.5	2.7
	沙柳河区	2 472	3 631	3.9	4 214	5.5	2.7
	泉吉河区	513	754	3.9	875	5.5	2.7
县区	天峻县	5 775	8 481	3.9	9 843	5.5	2.7
	刚察县	4 767	7 000	3.9	8 124	5.5	2.7
	共和县	386	567	3.9	658	5.5	2.7
	海晏县	879	1291	3.9	1 499	5.5	2.7
青海湖流域		11 807	17 339	3.9	20 124	5.5	2.7

表 4.1-9　青海湖流域第三产业预测表　　　　　　　（单位:万元）

水资源分区或行政区域		2010 年增加值	2020 年增加值	2030 年增加值
水资源分区	布哈河上唤仓以上区	2 337	4 985	8 120
	布哈河上唤仓以下区	16 736	35 698	58 148
	湖南岸河区	6 143	13 103	21 344
	倒淌河区	5 401	11 520	18 765
	湖东岸河区	1 013	2 162	3 521
	哈尔盖河区	6 211	13 248	21 579
	沙柳河区	13 313	28 396	46 253
	泉吉河区	2 632	5 615	9 146
县区	天峻县	15 319	32 674	53 222
	刚察县	21 594	46 059	75 026
	共和县	13 635	29 082	47 372
	海晏县	3 240	6 910	11 256
青海湖流域		53 788	114 725	186 876

4.1.7　河道外生态环境

青海湖流域河道外生态环境包括城镇生态环境和农村生态环境两部分,其中城镇生态环境指标包括城镇绿化、河湖补水和环境卫生等,农村生态环境指标主要包括人工湖泊和湿地补水、人工生态林草建设、人工地下水回补等三部分。2010 年城镇绿化面积为 199.3 亩,环境卫生面积为 296.3 亩。预计 2020 年和 2030 年水平青海湖流域城镇生态环境绿化面积分别为 395.0 亩和 652.8 亩,环境卫生面积分别为 380.6 亩和 463.3 亩。

4.2　节水分析

4.2.1　农业节水

4.2.1.1　现状用水水平和节水现状

青海湖流域内耕地主要分布于沙柳河冲湖积扇平原、哈尔盖冲湖积扇平原和青海湖南岸的江西沟一带。青海湖西北岸气温较低,土壤较贫瘠,作物生长条件差,需引水灌溉,而青海湖东南岸气温较高,土壤较肥厚。布哈河流域天峻县曾进行过大规模开垦,但是,由于当地自然条件的制约(特别是受低温的限制),即使是青稞、油菜这样的耐寒农作物也难以正常生长,目前全部退耕还草。

青海湖流域现有农田水利工程主要集中在刚察县湖滨三角地带,引水灌溉工程大多为土渠,工程主要建设于 20 世纪 50 ~ 70 年代,节水措施主要为渠道防渗。受当时条件限制,工程标准低,仅有少量灌区实施了渠系防渗,由于运行多年,工程老化,渠道渗漏严重。灌溉采取大水漫灌的方式,受渠系条件、田间设施不配套等诸多因素的影响,灌溉水量不足,只好实行"轮种",农田及很大一部分饲草料地得不到适时灌溉,影响产量,灌溉效益低下,给当地农牧民生活带来了较大的影响。

据统计,2010 年青海湖流域灌区平均灌溉定额 281 m³/亩,灌溉水利用系数为 0.31,远低于中小型灌区节水标准的灌溉水利用系数,具有较大的节水潜力。2010 年青海湖流域基本没有节水灌溉,节水灌溉近几年才刚刚起步。

4.2.1.2　农业节水对策措施

考虑到青海湖流域灌区现状以地面灌为主以及经济发展水平较低,大部分灌区主要采取容易实施和管理的渠系防渗与配套工程措施,以提高渠系水利用系数。同时加强宣传和引导,提高全民的节水意识;加强节水工程的维护管理,确保节水灌溉工程安全、高效运行,提高使用效率,延长使用寿命。

4.2.1.3　节水安排

根据青海湖流域各灌区的自然条件、管理水平和目前的用水情况,到 2020 年全流域新增工程节水灌溉面积 25.80 万亩,工程节水灌溉面积将占有效灌溉面积的 85%;2030 年全流域工程节水灌溉面积达到 30.27 万亩,将占有效灌溉面积的 100%,主要为渠道防渗节水灌溉。

4.2.1.4　节水量和投资估算

按照以上节水安排进行实施,与现状年相比,2020 年全流域累计可节约灌溉用水量 3 161.6万 m³,需节水投资 3.00 亿元,单方水投资为 9.5 元;2030 年全流域累计可节约灌溉用水量 4 438.4 万 m³,需累计节水投资 4.26 亿元,单方水投资为 9.6 元。农业节水工程措施见表 4.2-1 和表 4.2-2。

表 4.2-1 青海湖流域 2020 年农业节水工程措施表

灌区名称	所在分区	所在县	灌溉面积(万亩)				节水工程措施(万亩)	节灌率(%)	节水量(万 m³)
			合计	其中			渠道防渗		
				农田	草场	林地			
新塘曲渠	哈尔盖河区		4.23	0.96	1.84	1.43	3.80	90	594.4
塘曲渠	哈尔盖河区		7.39	1.30	1.22	4.87	5.93	80	834.4
刚北干渠			3.10	1.55	1.25	0.30	2.80	90	266.8
尕曲渠			8.80	1.73		7.07	7.23	82	668.3
红山渠			0.12	0.12			0.12	100	17.7
前进渠	沙柳河区		0.07	0.07			0.07	100	7.3
永丰渠		刚察县	1.00	0.41	0.07	0.52	1.00	100	156.9
河东渠			0.08	0.08			0.08	100	8.0
伊克乌兰渠			0.15	0.15			0.15	100	48.2
黄玉农场渠	泉吉河区		1.50	0.15	1.35		1.20	80	218.5
泉吉渠			0.27	0.15	0.12		0.27	100	65.1
向阳渠	布哈河上唤		0.11	0.03	0.08		0.11	100	13.5
日芒渠	仓以下区		0.24	0.16	0.08		0.24	100	22.8
蒙古村渠	倒淌河区	共和县	0.15	0.15			0.15	100	21.5
娄拉水库	湖东岸河区		2.32		1.41	0.91	1.91	82	127.8
哈尔盖渠	哈尔盖河区	海晏县	0.07	0.07			0.07	100	17.7
中河渠			0.67	0.67			0.67	100	72.7
青海湖流域			30.27	7.75	7.42	15.10	25.80	85	3 161.6

表 4.2-2 青海湖流域 2030 年农业节水工程措施表

灌区名称	所在分区	所在县	灌溉面积(万亩)				节水工程措施(万亩)	节灌率(%)	节水量(万 m³)
			合计	其中			渠道防渗		
				农田	草场	林地			
新塘曲渠	哈尔盖河区		4.23	0.96	1.84	1.43	4.23	100	804.0
塘曲渠	哈尔盖河区		7.39	1.30	1.22	4.87	7.39	100	1 264.0
刚北干渠			3.10	1.55	1.25	0.30	3.10	100	393.0
尕曲渠			8.80	1.73		7.07	8.80	100	1 082.1
红山渠			0.12	0.12			0.12	100	17.7
前进渠	沙柳河区		0.07	0.07			0.07	100	7.3
永丰渠		刚察县	1.00	0.41	0.07	0.52	1.00	100	156.9
河东渠			0.08	0.08			0.08	100	8.0
伊克乌兰渠			0.15	0.15			0.15	100	48.2
黄玉农场渠	泉吉河区		1.50	0.15	1.35		1.50	100	284.7
泉吉渠			0.27	0.15	0.12		0.27	100	65.1
向阳渠	布哈河上唤		0.11	0.03	0.08		0.11	100	13.5
日芒渠	仓以下区		0.24	0.16	0.08		0.24	100	22.8

续表 4.2-2

灌区名称	所在分区	所在县	灌溉面积(万亩)				节水工程措施(万亩)	节灌率(%)	节水量(万 m³)
			合计	其中			渠道防渗		
				农田	草场	林地			
蒙古村渠	倒淌河区	共和县	0.15	0.15			0.15	100	21.5
娄拉水库	湖东岸河区		2.32		1.41	0.91	2.32	100	159.2
哈尔盖渠	哈尔盖河区	海晏县	0.07	0.07			0.07	100	17.7
中河渠			0.67	0.67			0.67	100	72.7
青海湖流域			30.27	7.75	7.42	15.10	30.27	100	4 438.4

4.2.2 工业节水

青海湖流域内工业基础相对薄弱,主要工业行业有煤炭开采、铅锌矿采选、肉类加工、建材、网围栏制造等,规模小、产量低,2010 年流域内工业增加值仅 0.27 亿元。2010 年青海湖流域工业用水量为 32.7 万 m³,万元工业增加值用水定额为 121 m³,重复利用率 57%。与先进地区相比尚有一定差距,具有一定的节水潜力。

通过推广先进节水技术和工艺、加强用水定额管理等,提高工业用水效率,降低单位产值的用水量,到 2020 年万元工业增加值用水定额下降至 90 m³,重复利用率提高到 75%,可节约水量 19.29 万 m³,需节水投资 198.66 万元,单方水投资为 10.3 元;2030 年万元工业增加值用水定额下降至 70 m³,重复利用率提高到 80%,可累计节约水量 24.22 万 m³,需节水投资 334.20 万元,单方水投资为 13.8 元。不同水平年工业节水规划成果见表 4.2-3。

表 4.2-3 青海湖流域工业节水成果

县名	水平年	工业增加值(万元)	万元工业增加值用水定额(m³)	重复利用率(%)	供水管网漏失率(%)	非自备水源工业取水量(万 m³)	工业节水量(万 m³)
刚察县	2010	1 910	120	57	20	22.91	—
	2020		90	75	15		13.52
	2030	—	70	80	13		16.98
天峻县	2010	814	120	57	20	9.77	—
	2020		90	75	15		5.77
	2030		70	80	13		7.24
合计	2010	2 724	120	57	20	32.69	—
	2020	—	90	75	15		19.29
	2030	—	70	80	13		24.22

4.2.3 城镇生活节水

2010 年青海湖流域城镇生活(包括居民生活、建筑业、第三产业、生态环境)用水量

247.3 万 m^3 ,人均用水定额 200 L/(人·d),供水管网漏失率为 20%。存在用水浪费的现象,跑、冒、滴、漏造成水量损失较大。因此,城镇生活节水的主要措施为降低城镇供水管网漏失率,推广应用节水型用水器具,加大节水宣传力度,提高全民节水意识等。

到 2020 年节水器具普及率达到 65%,管网输水漏失率降低为 15%,可节约水量 12.36 万 m^3 ,需节水投资 122.42 万元,单方水投资为 9.9 元;2030 年节水器具普及率达到 75%,管网输水漏失率降低为 13%,可节约水量 17.32 万 m^3 ,需节水投资 231.97 万元,单方水投资为 13.4 元。不同水平年城镇生活节水规划成果见表 4.2-4。

表 4.2-4　青海湖流域城镇生活节水成果

县名	水平年	城镇生活用水量 (万 m^3)	供水管网综合漏失率 (%)	城镇生活节水量 (万 m^3)
刚察县	2010	107.80	20	—
	2020	—	15	5.39
	2030	—	13	7.55
共和县	2010	33.45	20	—
	2020	—	15	1.67
	2030	—	13	2.34
海晏县	2010	7.39	20	—
	2020	—	15	0.37
	2030	—	13	0.52
天峻县	2010	98.66	20	—
	2020	—	15	4.93
	2030	—	13	6.91
青海湖流域	2010	247.30	20	—
	2020	—	15	12.36
	2030	—	13	17.32

4.2.4　总节水量

综合农业灌溉、工业和城镇生活三个行业节水措施,青海湖流域到 2020 年和 2030 年累计总节水量分别为 3 193.2 万 m^3 和 4 479.8 万 m^3 。根据规划的节水措施估算,预计 2010 ~ 2020 年节水总投资为 3.04 亿元,2020 ~ 2030 年节水总投资为 1.28 亿元,到 2030 年累计节水总投资为 4.32 亿元,规划水平年综合单方水节水投资分别为 9.5 元和 9.6 元。见表 4.2-5。

表 4.2-5　青海湖流域节水量汇总表　　　　　　　　(单位:万 m^3)

县名	水平年	农业节水	工业节水	生活节水	总节水量	节水投资 (亿元)
刚察县	2020 年	2 921.8	13.5	5.4	2 940.7	2.79
	2030 年	4 167.2	17.0	7.6	4 191.8	4.03
共和县	2020 年	149.4		1.7	151.1	0.14
	2030 年	180.8		2.3	183.1	0.18

续表 4.2-5

县名	水平年	农业节水	工业节水	生活节水	总节水量	节水投资（亿元）
海晏县	2020 年	90.3		0.4	90.7	0.09
	2030 年	90.3		0.5	90.8	0.09
天峻县	2020 年		5.8	4.9	10.7	0.01
	2030 年		7.2	6.9	14.1	0.02
青海湖流域	2020 年	3 161.5	19.3	12.4	3 193.2	3.04
	2030 年	4 438.3	24.2	17.3	4 479.8	4.32

4.3 河道外需水量预测

按照建设节水型社会的要求，以水资源可持续利用为目标，突出青海湖流域生态保护，在充分考虑节水的前提下，根据当地水资源开发利用条件和工程布局等因素，并参考相关地区和用水效率较高地区的用水水平，对国民经济需水量进行了预测。

4.3.1 生活需水量预测

基准年青海湖流域城镇居民生活需水量 73.4 万 m^3，农村生活需水量为 111.7 万 m^3，其需水定额分别为 59 L/（人·d）和 40 L/（人·d）。根据青海湖流域人口发展规划，考虑未来生活质量不断提高，用水水平也会相应提高，用水定额逐步增大。预计到 2020 年和 2030 年水平城镇居民需水定额分别为 75 L/（人·d）和 85 L/（人·d），需水量分别为 129.7 万 m^3 和 195.1 万 m^3。农村居民需水定额分别为 45 L/（人·d）和 50 L/（人·d），需水量分别为 128.6 万 m^3 和 135.0 万 m^3。详见表 4.3-1。

表 4.3-1 青海湖流域生活需水量预测

（单位：需水量，万 m^3；定额，L/（人·d））

水资源分区或行政区域		城镇居民						农村居民					
		基准年		2020 年		2030 年		基准年		2020 年		2030 年	
		需水	定额	需水	定额	需水	定额	需水	定额	需水	定额	需水	定额
水资源分区	布哈河上唤仓以上区	0.15	41	1.14	75	2.47	85	4.81	40	5.67	45	6.27	50
	布哈河上唤仓以下区	27.56	70	45.75	75	63.61	80	30.35	39	32.65	45	35.50	50
	湖南岸河区	0.58	40	4.06	75	8.54	85	16.17	40	18.95	45	20.87	50
	倒淌河区	4.65	40	13.46	75	20.49	85	10.08	40	10.71	45	10.69	50
	湖东岸河区	2.63	60	4.56	75	6.74	85	5.00	40	5.80	45	6.35	50
	哈尔盖河区	1.51	41	7.98	75	15.90	85	22.88	40	26.16	45	28.00	50
	沙柳河区	35.60	58	49.13	75	70.08	85	12.51	41	17.31	45	15.25	50
	泉吉河区	0.73	40	3.65	75	7.27	85	9.93	40	11.33	45	12.04	50

水资源分区 或行政区域		城镇居民						农村居民					
		基准年		2020 年		2030 年		基准年		2020 年		2030 年	
		需水	定额	需水	定额	需水	定额	需水	定额	需水	定额	需水	定额
县区	天峻县	27.12	71	43.24	75	59.00	85	22.59	40	22.51	45	24.18	50
	刚察县	37.84	57	61.10	75	94.00	85	47.12	40	56.63	45	57.30	50
	共和县	8.30	45	23.41	75	37.44	85	31.91	39	37.65	45	40.56	50
	海晏县	0.15	41	1.99	75	4.66	85	10.11	40	11.79	45	12.94	50
青海湖流域		73.41	59	129.74	75	195.10	85	111.73	40	128.58	45	134.98	50

4.3.2　牲畜需水量预测

基准年青海湖流域牲畜需水量为 1 105.9 万 m^3,羊单位需水定额为 6.5 L/(只·d)。参考青海省相关规划,考虑当地实际情况,预计到 2020 年和 2030 年水平羊单位需水定额分别为 7.5 L/(只·d)和 8.5 L/(只·d),需水量分别为 646.7 万 m^3 和 807.8 万 m^3。为保护流域生态环境实施退牧减畜措施,2030 年比基准年牲畜需水量减少了 298.1 万 m^3。详见表 4.3-2。

表 4.3-2　青海湖流域牲畜需水量预测

水资源分区 或行政区域		需水量(万 m^3)			羊单位需水定额(L/(只·d))		
		基准年	2020 年	2030 年	基准年	2020 年	2030 年
水资源分区	布哈河上唤仓以上区	78.9	110.7	136.3	6.5	7.5	8.5
	布哈河上唤仓以下区	343.2	179.0	219.5	6.5	7.5	8.5
	湖南岸河区	138.6	59.8	73.3	6.6	7.5	8.5
	倒淌河区	61.7	30.1	36.7	6.2	7.5	8.5
	湖东岸河区	56.9	29.5	35.5	6.1	7.5	8.5
	哈尔盖河区	158.6	118.6	160.9	6.6	7.5	8.5
	沙柳河区	191.3	86.3	105.9	6.7	7.5	8.5
	泉吉河区	76.8	32.9	39.8	6.6	7.5	8.5
县区	天峻县	277.1	210.3	258.8	6.5	7.5	8.5
	刚察县	466.2	237.3	305.4	6.7	7.5	8.5
	共和县	281.1	143.8	175.1	6.5	7.5	8.5
	海晏县	81.5	55.3	68.5	5.9	7.5	8.5
青海湖流域		1 105.9	646.7	807.8	6.5	7.5	8.5

4.3.3　农林牧灌溉需水量预测

青海湖流域农林牧灌溉定额主要根据当地现状灌溉情况并考虑青海湖裸鲤洄游产卵期间限制引水和非充分灌溉等因素确定。青海湖流域不同水平年农林牧灌溉毛定额成果见表 4.3-3。

表4.3-3 青海湖流域不同水平年农林牧灌溉毛定额成果表 （单位：m³/亩）

水资源分区	县区	基准年				2020年				2030年			
		农田	林地	草地	灌溉水利用系数	农田	林地	草地	灌溉水利用系数	农田	林地	草地	灌溉水利用系数
布哈河上唤仓以下区	天峻												
	刚察	353	165	235	0.43	231	108	154	0.65	231	108	154	0.65
	共和					231	108	154	0.65	231	108	154	0.65
湖南岸河区	共和												
倒淌河区	共和	375	175	250	0.40	231	108	154	0.65	231	108	154	0.65
湖东岸河区	共和	375	175	250	0.40	250	117	167	0.60	231	108	154	0.65
	海晏					231	108	154	0.65	231	108	154	0.65
哈尔盖河区	海晏	353	165	235	0.43	231	108	154	0.65	231	108	154	0.65
	刚察	588	275	392	0.26	293	137	195	0.51	231	108	154	0.65
沙柳河区	刚察	441	206	294	0.34	285	133	190	0.53	231	108	154	0.65
泉吉河区	刚察	500	233	333	0.30	259	121	172	0.58	231	108	154	0.65
青海湖流域		475	233	333	0.31	279	134	178	0.55	231	108	154	0.65

基准年青海湖流域多年平均农林牧灌溉需水量9 664万m³，综合定额为319 m³/亩，其中农田灌溉定额475 m³/亩，林地灌溉定额233 m³/亩，草灌定额333 m³/亩。随着节水措施的加强，灌溉水利用系数由基准年的0.31提高到2030年的0.65，2020年和2030年青海湖流域农林牧灌溉综合定额分别为181 m³/亩和152 m³/亩，多年平均需水量分别下降到8 919万m³和8 229万m³。2030年水平综合需水定额与基准年相比下降了167 m³/亩，其中农田灌溉定额下降了244 m³/亩，林灌定额下降了125 m³/亩，草灌定额下降了179 m³/亩。青海湖流域多年平均农林牧灌溉需水量预测见表4.3-4。

表4.3-4 青海湖流域多年平均农林牧灌溉需水量预测 （单位：万m³）

水资源分区或行政区域		基准年				2020年				2030年			
		农田	林地	草地	合计	农田	林地	草地	合计	农田	林地	草地	合计
水资源分区	布哈河上唤仓以上区												
	布哈河上唤仓以下区	67		38	105	44		163	207	44		163	207
	湖南岸河区												
	倒淌河区	56			56	35			35	35			35
	湖东岸河区		159	353	512		106	235	341		98	217	315
	哈尔盖河区	1 591	1 729	1 200	4 520	833	862	2 703	4 398	692	678	2 980	4 350
	沙柳河区	1 813	1 624	388	3 825	1 172	1 050	1 382	3 604	948	850	1 226	3 024
	泉吉河区	155		490	645	80		253	333	72		226	298
县区	天峻县												
	刚察县	3 365	3 354	2 116	8 835	1 959	1 912	3 687	7 558	1 585	1 528	3 703	6 816
	共和县	56	159	353	568	35	106	373	514	35	98	355	488
	海晏县	261			261	171		677	848	171		754	925
青海湖流域		3 682	3 513	2 469	9 664	2 164	2 018	4 737	8 919	1 791	1 626	4 812	8 229

4.3.4 工业需水量预测

基准年青海湖流域工业需水量为 32.7 万 m^3,万元工业增加值需水量为 121 m^3。随着节水技术的推广和深入,同时提高水的重复利用率,工业需水定额具有较大的下降空间。预计 2020 年和 2030 年工业需水定额分别为 91 m^3/万元和 70 m^3/万元,需水量分别达到 81.7 万 m^3 和 143.6 万 m^3。详见表 4.3-5。

表 4.3-5　青海湖流域工业需水量预测　　　　　（单位:万 m^3）

水资源分区或行政区域		基准年	2020 年	2030 年
水资源分区	布哈河上唤仓以上区	1.80	4.24	7.45
	布哈河上唤仓以下区	9.43	23.59	41.48
	湖南岸河区	0	0.15	0.26
	倒淌河区	0	0.15	0.26
	湖东岸河区	0	0.30	0.52
	哈尔盖河区	13.52	33.62	59.12
	沙柳河区	7.52	18.59	32.69
	泉吉河区	0.42	1.02	1.79
县区	天峻县	9.77	23.93	42.08
	刚察县	22.91	56.59	99.52
	共和县	0	0.74	1.30
	海晏县	0	0.39	0.68
青海湖流域		32.69	81.65	143.58

4.3.5 建筑业及第三产业需水量预测

基准年青海湖流域建筑业及第三产业需水量为 172.4 万 m^3,综合需水定额为 26 m^3/万元。随着节水技术的提高,城镇管网漏失率的减少,预计到 2020 年和 2030 年建筑业和第三产业需水定额分别下降为 10 m^3/万元和 8 m^3/万元,需水量分别为 132.1 万 m^3 和 166.4 万 m^3。青海湖流域建筑业及第三产业需水量预测详见表 4.3-6。

表 4.3-6　青海湖流域建筑业及第三产业需水量预测

水资源分区或行政区域		需水量(万 m^3)			定额(m^3/万元)		
		基准年	2020 年	2030 年	基准年	2020 年	2030 年
水资源分区	布哈河上唤仓以上区	6.0	6.6	7.8	17	10	8
	布哈河上唤仓以下区	72.4	43.1	54.9	33	10	8
	湖南岸河区	11.5	13.5	17.4	18	10	8
	倒淌河区	9.9	11.7	15.2	18	10	8
	湖东岸河区	2.2	2.5	3.1	18	10	8
	哈尔盖河区	14.4	16.2	19.7	18	10	8
	沙柳河区	50.4	32.0	40.4	32	10	8
	泉吉河区	5.6	6.4	7.9	18	10	8

续表 4.3-6

水资源分区或行政区域		需水量（万 m³）			定额（m³/万元）		
		基准年	2020 年	2030 年	基准年	2020 年	2030 年
县区	天峻县	71.0	41.2	51.9	34	10	8
	刚察县	69.0	53.1	66.1	26	10	8
	共和县	25.2	29.6	38.4	18	10	8
	海晏县	7.2	8.2	10.1	18	10	8
青海湖流域		172.4	132.1	166.4	26	10	8

4.3.6　河道外生态环境需水量预测

青海湖流域河道外生态环境需水量包括城镇生态环境需水量和农村生态环境需水量。城镇生态环境需水量包括城镇绿化、河湖补水和环境卫生等三个方面；农村生态环境需水包括湖泊沼泽湿地补水、防护林和草场灌溉需水、地下水人工回补需水等三个方面。基准年、2020 年和 2030 年青海湖流域河道外城镇生态环境需水量分别为 1.5 万 m³、7.6 万 m³ 和 10.7 万 m³。根据青海湖流域实际情况，农村生态环境需水暂不考虑。

4.3.7　河道外总需水量分析

青海湖流域多年平均河道外总需水量由基准年的 1.12 亿 m³，减少到 2030 年的 0.97 亿 m³，规划期内需水量稳中有降。青海湖流域万元 GDP 用水量由基准年的 983 m³，下降到 2030 的 269 m³，2030 年万元 GDP 用水量仍然高于全国平均水平（69 m³）。青海湖流域人均需水量由基准年的 1 005 m³，下降到 2030 的 708 m³。详见表 4.3-7 和表 4.3-8。

表 4.3-7　青海湖流域河道外总需水量预测　　　　　　　　　（单位：万 m³）

水资源分区或行政区域		基准年	2020 年	2030 年
水资源分区	布哈河上唤仓以上区	92	128	160
	布哈河上唤仓以下区	588	535	627
	湖南岸河区	167	96	120
	倒淌河区	143	101	118
	湖东岸河区	579	384	367
	哈尔盖河区	4 731	4 601	4 634
	沙柳河区	4 124	3 811	3 294
	泉吉河区	738	389	366
县区	天峻县	408	345	441
	刚察县	9 478	8 025	7 445
	共和县	914	749	781
	海晏县	360	925	1 021
青海湖流域		11 161	10 045	9 688

表 4.3-8 青海湖流域河道外生活、生产和生态需水量预测

水平年	居民生活需水量（万 m³）	牲畜需水量（万 m³）	生产需水量(万 m³)				生态需水量（万 m³）	总需水量（万 m³）	人均需水量（m³）	万元 GDP 用水量（m³）
			工业	建筑业及第三产业	农林牧	合计				
基准年	185	1 106	33	172	9 664	9 869	2	11 161	1 005	983
2020 年	258	647	82	132	8 919	9 133	8	10 045	799	427
2030 年	330	808	144	166	8 229	8 539	11	9 688	708	269

4.4 河道内需水量预测

流入青海湖的河流主要有布哈河、沙柳河、哈尔盖河、泉吉河和黑马河等。根据青海湖流域水资源量及其开发利用情况，考虑流域水资源配置的需要，选择布哈河的布哈河口水文站、沙柳河的刚察水文站和黑马河的黑马河水文站 3 个断面，作为河道内需水计算断面。哈尔盖河和泉吉河无长期的水文监测资料，但考虑到其与沙柳河同处青海湖北部，下垫面状况和径流过程比较接近，根据哈尔盖河、泉吉河多年平均来水过程与沙柳河来水过程的比值，确定哈尔盖河和泉吉河河道内需水量。

4.4.1 河道内需水量计算方法

4.4.1.1 生态基流量

生态基流量的计算方法主要有近 10 年最小月平均流量法、典型年最小月径流量法和 Q_{95} 法，一般采用计算结果中的最小值作为河道内生态基流。

方法一：近 10 年最小月平均流量法

$$W_{Eb} = 365 \times 8\,640 \times \sum Q_{mi}$$

式中 W_{Eb}——多年平均河道内生态基流量，m³；

Q_{mi}——近 10 年中第 i 年最小月平均流量，m³/s；

i——从 1 到 10。

方法二：典型年最小月径流量法。

选择能满足河道基本功能、未断流，又未出现较大生态环境问题的年份作为典型年，其年径流量与控制站多年平均年径流量比较接近。以典型年中最小月平均径流量作为河道最小生态年需水量的月平均值，计算多年平均河道内生态基流量。

$$W_{Eb} = 365 \times 86\,400 \times Q_{sm}$$

式中 Q_{sm}——典型年最小月平均流量，m³/s。

方法三：Q_{95} 法，指将 95% 频率下的最小月平均径流量作为河道内生态基流量。

根据以上三种方法计算的结果，选取最小值作为河道内生态基流量。

4.4.1.2 水生生物需水量

水生生物需水量指维持河道内水生生物群落的稳定性和保护生物多样性所需要的水量。为保证河流系统水生生物及其栖息地处于良好状态,河道内需要保持一定的水量;对有国家级保护生物的河段,应充分保证其生长栖息地良好的水生态环境。水生生物需水量可按下式计算

$$W_{\mathrm{C}} = \sum_{i=1}^{12} \mathrm{Max}(W_{\mathrm{C}ij})$$

式中　W_{C}——水生生物年需水量,m^3;

　　　$W_{\mathrm{C}ij}$——第 i 月第 j 种生物需水量,m^3,根据具体生物物种生活(生长)习性确定。

资料缺乏地区,可按多年平均径流量的百分比估算河道内水生生物的需水量,一般河流少水期可取多年平均径流量的 10% ~ 20%,多水期可取多年平均径流量的 20% ~ 30%,有国家级保护生物的河流(河段)可适当提高百分比。青海湖流域各河流中主要鱼类为青海湖裸鲤,是青海湖最具高原特色的鱼类资源和湖区渔业生产中最重要的经济鱼类,被列为稀有名贵水生动物,需要加以保护。结合青海湖流域入湖河流的特性,考虑到青海湖裸鲤一般在 4 ~ 9 月由青海湖进入河中洄游繁殖,多水期选择 4 ~ 9 月 6 个月,少水期选择 10 月至翌年 3 月 6 个月。计算时,多水期选择多年平均流量的 30%,少水期选择多年平均流量的 10%。

河道内生态基流和水生生物需水量分月取最大值,合计后得到多年平均河道内生态环境需水量。

4.4.2 河道内需水量计算成果

青海湖流域各河流水资源量主要来源于上游山区,进入中下游以后,沿途消耗,最后补充青海湖湖泊水量,入湖河流是青海湖裸鲤洄游产卵的主要场所。因此,河道内需水主要是满足维持河道基本形态、防止河道断流、维持河湖系统水生生物生存以及保持水体一定的稀释自净能力而保留在河道中的水量。

根据重点河段保护鱼类洄游对径流条件要求及洪漫和湖滨湿地水分需求,考虑青海湖流域水资源条件和水资源配置实现的可能性,确定重要断面关键期(6 ~ 9 月)生态需水过程(详见表 4.4-1)。布哈河口水文站断面河道内需水量为 20 900 万 m^3,其中 6 ~ 9 月河道内需水量为 19 697 万 m^3,适宜的生态流量为 10.2 ~ 24.7 m^3/s;刚察水文站断面河道内需水量为 5 843 万 m^3,其中 6 ~ 9 月河道内需水量为 5 777 万 m^3,适宜的生态流量为 3.6 ~ 6.7 m^3/s;哈尔盖河入湖断面河道内需水量为 3 202 万 m^3,其中 6 ~ 9 月河道内需水量为 3 166 万 m^3,适宜的生态流量为 2.0 ~ 3.6 m^3/s;泉吉河入湖断面河道内需水量为 1 174 万 m^3,其中 6 ~ 9 月河道内需水量为 1 160 万 m^3,适宜的生态流量为 0.7 ~ 1.3 m^3/s;黑马河水文站断面河道内需水量为 242 万 m^3,其中 6 ~ 9 月河道内需水量为 239 万 m^3,适宜的生态流量为 0.1 ~ 0.3 m^3/s。

表4.4-1 入湖河流主要断面关键期生态需水

河流名称	断面名称	生态流量（m³/s）				6～9月需水量（万m³）	全年需水量（万m³）	水质要求
		6月	7月	8月	9月			
布哈河	布哈河口水文站	10.2	24.7	23.1	16.5	19 697	20 900	Ⅱ类
沙柳河	刚察水文站	3.6	6.7	6.5	5.1	5 777	5 843	Ⅲ类
哈尔盖河	哈尔盖河入湖断面	2.0	3.6	3.5	2.8	3 166	3 202	Ⅲ类
泉吉河	泉吉河入湖断面	0.7	1.3	1.3	1.0	1 160	1 174	Ⅲ类
黑马河	黑马河水文站	0.3	0.3	0.2	0.1	239	242	Ⅲ类

4.5 供水分析

4.5.1 现状供水工程

4.5.1.1 地表水源

据调查统计,2010年青海湖流域地表水源供水量为9 856.7万m³。流域内蓄水工程4座,分别为娄拉水库、纳仁贡玛涝池、纳仁哇玛涝池和阿斯汗涝池,其中娄拉水库总库容为105万m³,现有效库容为90万m³,3座涝池库容较小、淤积严重,总有效库容为14万m³。引水工程142处,主要为农林牧灌溉和人畜饮水工程。流域现状地表水源供水工程供水量见表4.5-1。

表4.5-1 2010年各类水源供水量调查统计表　　　　　　　　（单位:万m³）

水资源分区或行政区域		地表水源供水量			地下水源供水量	其他水源供水量	总供水量
		蓄水	引水	小计	浅层淡水	集雨工程	
水资源分区	布哈河上唤仓以上区	0	90.7	90.7	0.9	0	91.6
	布哈河上唤仓以下区	0	503.9	503.9	84.0	0.2	588.1
	湖南岸河区	0	163.6	163.6	3.2	0	166.8
	倒淌河区	0	141.4	141.4	1.2	0	142.6
	湖东岸河区	414.0	66.8	480.8	0	0	480.8
	哈尔盖河区	0	3 873.0	3 873.0	2.1	0	3 875.1
	沙柳河区	39.0	3 830.2	3 869.2	60.9	0.2	3 930.3
	泉吉河区	3.0	731.2	734.2	4.3	0	738.5
县区	天峻县	0	325.0	325.0	83.1	0	408.1
	刚察县	42.0	8 318.5	8 360.5	67.9	0.4	8 428.8
	共和县	414.0	397.6	811.6	5.1	0	816.7
	海晏县	0	359.6	359.6	0.6	0	360.2
青海湖流域		456.0	9 400.7	9 856.7	156.7	0.4	10 013.8

4.5.1.2 地下水源

2010年青海湖流域地下水源供水量为156.7万m³,均为浅层地下水。流域现状地下水源供水工程供水量见表4.5-1。

4.5.1.3 其他水源

截至 2010 年,青海湖流域其他水源供水基础设施仅有集雨工程,共有 105 处(水窖数),年供水量为 0.42 万 m^3。流域现状其他水源供水工程供水量见表 4.5-1。

4.5.2 规划供水工程

青海湖水位下降是青海湖流域生态环境保护面临的重要问题之一,为缓解青海湖水量亏损严重的现状,必须加强最严格的水资源管理。在规划供水工程时立足于解决现状人畜饮水困难、灌溉用水效率低、浪费严重、废污水处理和再利用率低等主要问题,通过维修、新增人畜饮水工程和城镇供水工程,改造现有灌溉工程,提高污水处理能力等措施,大力发展节水工程,严格控制取水量,在保护生态环境的基础上满足经济社会发展的用水需求。

4.5.2.1 地表水源

结合青海省"十二五"农村牧区饮水安全工程规划,针对当地的水源、人口、经济等条件,因地制宜,规划维修和新增部分人畜饮水工程,并考虑优先发展集中式供水工程。

为提高灌区的用水效率,提高灌溉保证率,规划已有灌区续建配套与节水改造工程,主要有刚察县哈尔盖镇新塘曲、塘曲灌溉引水工程,三角城种羊场刚北干渠,青海湖农场灌溉引水工程,黄玉农场渠,刚察县的永丰渠、泉吉渠、伊克乌兰渠,海晏县的中河渠、红河渠等。同时为满足区域畜牧业发展需要,规划建设的新增引水工程主要有铁卜加草改站饲草料地、天峻县饲草料地、海晏县饲草料地的灌溉工程等。

规划维修和新增的供水工程可增加流域地表水供水能力,在一定程度上缓解流域水资源时空分布不均的问题,但考虑青海湖裸鲤洄游产卵期引水制约,经典型年供需计算,各水平年地表供水量基本维持在 1 亿 m^3。

4.5.2.2 地下水源

根据地下水补给和开采条件,并结合现状开发利用状况,规划水平年应严格控制浅层地下水开采,不允许开采深层地下水,防止地下水位的下降,以避免加剧生态环境恶化。结合青海省城市饮水水源地安全保障规划和各县城镇供水实际情况,规划改扩建新源镇和沙柳河镇城镇饮用水供水工程。同时考虑居住分散的农户人畜饮水问题,采取保温土井等分散式供水工程,主要通过开采浅层地下水,并兼顾特殊情况下的饲草料地应急灌溉用水解决。到 2020 年地下水供水量为 439 万 m^3,2030 年地下水供水量达到 545 万 m^3。

4.5.2.3 其他水源

根据青海省污水处理规划,结合流域及全国污水处理和回用目标,预测 2020 年青海湖流域城镇生活污水处理率达到 75% 左右,再利用率占处理量的 7% 左右;2030 年青海湖流域生活污水处理率达到 80% 左右,再利用率占处理量的 10% 左右。这一目标与全国其他地区相比,污水处理率与全国基本一致,而中水回用偏低较多。青海湖流域内城镇大部分在山区,处理后的中水回用成本较高,且污水量小,处理后的中水作为城镇生态和灌溉等用水,因此中水回用率不宜太高是合适的。

4.5.2.4 总供水量分析

综合上述分析,青海湖流域基准年、2020 年、2030 年供水总量分别达到 10 014 万 m^3、10 045 万 m^3 和 9 688 万 m^3。2030 年青海湖流域总供水量 9 688 万 m^3 中,地表水为 9 125 万 m^3,占 94.2%;地下水 545 万 m^3;其他水源 18 万 m^3。见表 4.5-2。

表4.5-2 青海湖流域各规划水平年总供水量

（单位：万 m³）

水资源分区或行政区域		基准年供水量				2020 年供水量				2030 年供水量			
		地表水	地下水	其他	合计	地表水	地下水	其他	合计	地表水	地下水	其他	合计
水资源分区	布哈河上唤仓以上区	90.7	0.9	0	91.6	95.9	32.4	0	128.3	120.5	39.8	0	160.3
	布哈河上唤仓以下区	503.9	84.0	0.2	588.1	373.7	157.5	3.7	534.9	393.7	224.7	8.6	627.0
	湖南岸河区	163.6	3.2	0	166.8	75.0	21.4	0	96.4	94.7	25.6	0	120.3
	倒淌河区	141.4	1.2	0	142.6	89.6	11.1	0	100.7	105.0	12.9	0	117.9
	湖东岸河区	480.8	0	0	480.8	368.8	15.1	0	383.9	349.5	17.7	0	367.2
	哈尔盖河区	3 873.0	2.1	0.2	3 875.1	4 567.8	33.0	3.7	4 600.8	4 590.4	44.0	0	4 634.4
	沙柳河区	3 869.2	60.9	0.2	3 930.3	3 652.7	154.8	3.7	3 811.2	3 121.0	164.1	9.1	3 294.2
	泉吉河区	734.2	4.3	0	738.5	375.2	13.7	0	388.9	350.4	16.1	0	366.5
县区	天峻县	325.0	83.1	0	408.1	179.2	162.4	3.4	345.0	201.5	231.1	8.3	440.9
	刚察县	8 360.5	67.9	0.4	8 428.8	7 807.5	213.7	4.0	8 025.2	7 196.3	239.0	9.4	7 444.7
	共和县	811.6	5.1	0	816.7	690.0	59.5	0	749.5	710.1	70.7	0	780.8
	海晏县	359.6	0.6	0	360.2	922.0	3.4	0	925.4	1 017.3	4.1	0	1 021.4
青海湖流域合计		9 856.7	156.7	0.4	10 013.8	9 598.7	439.0	7.4	10 045.1	9 125.2	544.9	17.7	9 687.8

4.6　供需分析

　　根据各水平年水资源需求成果,以水资源分区套县为单元,采用典型年进行供需分析。计算时优先保证城乡生活用水和基本的生态环境用水,严格控制入湖河流主要断面下泄水量,统筹安排工业、农业和其他行业用水,同时考虑青海湖流域地表供水工程能力以及适当增加地下水开采量,区分不同来水情况(多年平均、中等枯水年和特殊枯水年)对基准年、2020年、2030年进行供需计算。

4.6.1　多年平均供需分析

　　青海湖流域基准年、2020年、2030年水资源供需计算结果见表4.6-1。

表 4.6-1　青海湖流域各水平年水资源供需结果　　　　　（单位:万 m³）

水平年	需水量	供水量				缺水量	缺水率（%）
		地表水	地下水	其他水源	合计		
基准年	11 161.3	9 856.7	156.7	0.4	10 013.8	1 147.5	10.3
2020 年	10 045.1	9 598.7	438.9	7.4	10 045.0	0	0
2030 年	9 687.8	9 125.2	544.9	17.7	9 687.8	0	0

　　青海湖流域内河道外基准年需水量为 11 161 万 m³,到 2030 年水平减少到 9 688 万 m³。各水平年流域内河道外总供水量 9 688 万~10 045 万 m³,其中地表供水基本维持在 10 000 万 m³ 以下,地下水供水量略有增加。基准年缺水量为 1 148 万 m³,2020 年和 2030 年水资源供需平衡。基准年由于供水工程供水能力有限,地表供水 9 857 万 m³,地下水开采量 157 万 m³,其他水源供水 0.4 万 m³,总供水量为 10 014 万 m³,缺水量为 1 148 万 m³,缺水率为 10.3%。到 2020 年青海湖流域内河道外需水量为 10 045 万 m³,考虑改造和新增城镇供水、人畜饮水和灌溉工程等,流域内总供水量增加到 10 045 万 m³,流域内水资源供需平衡。随着节水型社会进一步建设,到 2030 年青海湖流域内河道外需水量为 9 688 万 m³,供水量也可达到 9 688 万 m³,其中地表供水量为 9 125 万 m³,地下水开采量 545 万 m³,其他水源供水 18 万 m³,流域内水资源供需平衡。

4.6.1.1　基准年

　　青海湖流域多年平均天然径流量为 17.81 亿 m³,水资源总量为 21.63 亿 m³。基准年流域内河道外总需水量为 11 161 万 m³,总供水量为 10 014 万 m³,其中地表水 9 857 万 m³,地下水 157 万 m³,其他水源供水 0.4 万 m³;缺水量为 1 148 万 m³,缺水率为 10.3%。缺水地区主要分布于哈尔盖河区、沙柳河区和湖东岸河区,缺水量分别为 856 万 m³、194 万 m³ 和 98 万 m³,缺水主要表现为农林牧灌溉缺水。青海湖流域基准年水资源供需结果见表 4.6-2。

表 4.6-2　青海湖流域基准年水资源供需结果表(多年平均)　　（单位:万 m³）

水资源分区或行政区域		需水量	供水量				缺水量	缺水率（%）
			地表水	地下水	其他水源	合计		
水资源分区	布哈河上唤仓以上区	91.6	90.7	0.9	0	91.6	0	0
	布哈河上唤仓以下区	588.1	503.9	84.0	0.2	588.1	0	0
	湖南岸河区	166.8	163.6	3.2	0	166.8	0	0
	倒淌河区	142.6	141.4	1.2	0	142.6	0	0
	湖东岸河区	578.5	480.8	0	0	480.8	97.7	16.9
	哈尔盖河区	4 730.9	3 873.0	2.1	0	3 875.1	855.8	18.1
	沙柳河区	4 124.2	3 869.2	60.9	0.2	3 930.3	193.9	4.7
	泉吉河区	738.5	734.2	4.3	0	738.5	0	0
县区	天峻县	408.1	325.0	83.1	0	408.1	0	0
	刚察县	9 478.5	8 360.5	67.9	0.4	8 428.8	1 049.7	11.1
	共和县	914.5	811.6	5.1	0	816.7	97.8	10.7
	海晏县	360.2	359.6	0.6	0	360.2	0	0
青海湖流域		11 161.3	9 856.7	156.7	0.4	10 013.8	1 147.5	10.3

4.6.1.2　2020 年

2020 年水平,青海湖流域河道外总需水量为 10 045 万 m³,供水量为 10 045 万 m³,其中地表水 9 599 万 m³,地下水 439 万 m³,其他水源供水 7 万 m³,水资源供需平衡。与基准年相比,通过节水和配置新的供水工程,基准年缺水区域(如哈尔盖河区、沙柳河区和湖东岸河区)基本解决缺水问题。2020 年水资源供需结果见表 4.6-3。

表 4.6-3　青海湖流域 2020 水平年水资源供需结果表(多年平均)　　（单位:万 m³）

水资源分区或行政区域		需水量	供水量				缺水量	缺水率（%）
			地表水	地下水	其他水源	合计		
水资源分区	布哈河上唤仓以上区	128.3	95.9	32.4	0	128.3	0	0
	布哈河上唤仓以下区	534.9	373.7	157.5	3.7	534.9	0	0
	湖南岸河区	96.4	75.0	21.4	0	96.4	0	0
	倒淌河区	100.7	89.6	11.1	0	100.7	0	0
	湖东岸河区	383.9	368.8	15.1	0	383.9	0	0
	哈尔盖河区	4 600.8	4 567.8	33.0	0	4 600.8	0	0
	沙柳河区	3 811.2	3 652.7	154.8	3.7	3 811.2	0	0
	泉吉河区	388.9	375.2	13.7	0	388.9	0	0
县区	天峻县	345.0	179.2	162.4	3.4	345.0	0	0
	刚察县	8 025.2	7 807.5	213.7	4.0	8 025.2	0	0
	共和县	749.5	690.0	59.5	0	749.5	0	0
	海晏县	925.4	922.0	3.4	0	925.4	0	0
青海湖流域		10 045.1	9 598.7	439.0	7.4	10 045.1	0	0

4.6.1.3 2030 年

2030 年水平,青海湖流域河道外总需水量为 9 688 万 m³,通过进一步加大节水改造力度,以及充分利用其他水资源和适当增加地下水开采,总供水量为 9 688 万 m³,其中地表水 9 125 万 m³,地下水 545 万 m³,其他水源供水 18 万 m³,水资源供需平衡。见表 4.6-4。

表 4.6-4　青海湖流域 2030 水平年水资源供需结果表(多年平均)　(单位:万 m³)

水资源分区或行政区域		需水量	供水量				缺水量	缺水率(%)
			地表水	地下水	其他水源	合计		
水资源分区	布哈河上唤仓以上区	160.3	120.5	39.8	0	160.3	0	0
	布哈河上唤仓以下区	627.0	393.7	224.7	8.6	627.0	0	0
	湖南岸河区	120.3	94.7	25.6	0	120.3	0	0
	倒淌河区	117.9	105.0	12.9	0	117.9	0	0
	湖东岸河区	367.2	349.5	17.7	0	367.2	0	0
	哈尔盖河区	4 634.4	4 590.4	44.0	0	4 634.4	0	0
	沙柳河区	3 294.2	3 121.0	164.1	9.1	3 294.2	0	0
	泉吉河区	366.5	350.4	16.1	0	366.5	0	0
县区	天峻县	440.9	201.5	231.1	8.3	440.9	0	0
	刚察县	7 444.7	7 196.3	239.0	9.4	7 444.7	0	0
	共和县	780.8	710.1	70.7	0	780.8	0	0
	海晏县	1 021.4	1 017.3	4.1	0	1 021.4	0	0
青海湖流域		9 687.8	9 125.2	544.9	17.7	9 687.8	0	0

4.6.2　中等枯水年供需分析

来水频率 75% 的中等枯水年份,青海湖流域地表天然径流量为 12.91 亿 m³,较多年平均偏少 4.9 亿 m³。受工程供水能力所限,基准年中等枯水年缺水量为 2 003 万 m³,缺水率为 17.9%,缺水地区主要分布于哈尔盖河区和湖东岸河区。

2020 和 2030 年水平,通过节水和配置新的供水工程,并适当增加地下水开采,青海湖流域总供水量分别为 10 045 万 m³ 和 9 688 万 m³,水资源供需平衡。2020 和 2030 年水平青海湖流域地下水开采量分别为 741 万 m³ 和 888 万 m³。中等枯水年份各水平年供需结果见表 4.6-5 ~ 表 4.6-7。

表 4.6-5　青海湖流域基准年水资源供需结果表（中等枯水年）　（单位：万 m³）

水资源分区或行政区域		需水量	供水量				缺水量	缺水率（%）
			地表水	地下水	其他水源	合计		
水资源分区	布哈河上唤仓以上区	91.6	90.7	0.9	0	91.6	0	0
	布哈河上唤仓以下区	588.1	503.9	84.0	0.2	588.1	0	0
	湖南岸河区	166.8	75.4	3.2	0	78.6	88.2	52.9
	倒淌河区	142.6	90.9	1.2	0	92.1	50.5	35.4
	湖东岸河区	578.5	210.2	0	0	210.2	368.3	63.7
	哈尔盖河区	4 730.9	3 460.5	2.1	0	3 462.6	1 268.3	26.8
	沙柳河区	4 124.2	3 835.4	60.9	0.2	3 896.5	227.7	5.5
	泉吉河区	738.5	734.2	4.3	0	738.5	0	0
县区	天峻县	408.1	325.0	83.1	0	408.1	0	0
	刚察县	9 478.5	7 937.3	67.9	0.4	8 005.6	1 472.9	15.5
	共和县	914.5	423.7	5.1	0	428.8	485.7	53.1
	海晏县	360.1	315.2	0.6	0	315.8	44.3	12.3
青海湖流域		11 161.3	9 001.2	156.7	0.4	9 158.3	2 002.9	17.9

表 4.6-6　青海湖流域 2020 年水资源供需结果表（中等枯水年）　（单位：万 m³）

水资源分区或行政区域		需水量	供水量				缺水量	缺水率（%）
			地表水	地下水	其他水源	合计		
水资源分区	布哈河上唤仓以上区	128.3	95.9	32.4	0	128.3	0	0
	布哈河上唤仓以下区	534.9	373.7	157.5	3.7	534.9	0	0
	湖南岸河区	96.4	75.0	21.4	0	96.4	0	0
	倒淌河区	100.7	89.6	11.1	0	100.7	0	0
	湖东岸河区	383.9	368.8	15.1	0	383.9	0	0
	哈尔盖河区	4 600.8	4 201.6	399.2	0	4 600.8	0	0
	沙柳河区	3 811.2	3 716.9	90.6	3.7	3 811.2	0	0
	泉吉河区	388.9	375.2	13.7	0	388.9	0	0
县区	天峻县	345.0	179.2	162.3	3.5	345.0	0	0
	刚察县	8 025.2	7 576.1	445.2	3.9	8 025.2	0	0
	共和县	749.5	690.0	59.5	0	749.5	0	0
	海晏县	925.4	851.4	74.0	0	925.4	0	0
青海湖流域		10 045.1	9 296.7	741.0	7.4	10 045.1	0	0

表 4.6-7　青海湖流域 2030 年水资源供需结果表（中等枯水年）　　（单位:万 m³）

水资源分区或行政区域		需水量	供水量				缺水量	缺水率（%）
			地表水	地下水	其他水源	合计		
水资源分区	布哈河上唤仓以上区	160.3	120.5	39.8	0	160.3	0	0
	布哈河上唤仓以下区	627.0	393.7	224.7	8.6	627.0	0	0
	湖南岸河区	120.3	94.7	25.6	0	120.3	0	0
	倒淌河区	117.9	105.0	12.9	0	117.9	0	0
	湖东岸河区	367.2	349.5	17.7	0	367.2	0	0
	哈尔盖河区	4 634.4	4 228.4	406.0	0	4 634.4	0	0
	沙柳河区	3 294.2	3 140.3	144.8	9.1	3 294.2	0	0
	泉吉河区	366.5	350.4	16.1	0	366.5	0	0
县区	天峻县	440.9	201.5	231.1	8.3	440.9	0	0
	刚察县	7 444.7	6 930.6	504.8	9.3	7 444.7	0	0
	共和县	780.8	710.1	70.7	0	780.8	0	0
	海晏县	1 021.4	940.4	81.0	0	1 021.4	0	0
青海湖流域		9 687.8	8 782.6	887.6	17.6	9 687.8	0	0

4.6.3　特殊枯水年供需分析

来水频率 95% 的特殊枯水年份,青海湖流域地表天然径流量为 8.32 亿 m³,较多年平均偏少 9.49 亿 m³。受工程供水能力所限,基准年特殊枯水年青海湖流域总供水量为 7 628 万 m³,缺水量为 3 533 万 m³,缺水率达到 31.7%,缺水地区主要分布于哈尔盖河区、沙柳河区和湖东岸河区。

2020 年水平特殊枯水年,灌溉期地表来水不足,适当增加地下水供水,青海湖流域总供水量为 9 121 万 m³,其中地表水 7 764 万 m³,地下水 1 350 万 m³,缺水量为 924 万 m³。缺水地区主要分布于哈尔盖河区。

2030 年水平特殊枯水年,灌溉期地表来水不足,地下水供水进一步增加,青海湖流域总供水量为 8 757 万 m³,其中地表水 7 336 万 m³,地下水 1 403 万 m³,缺水量为 931 万 m³。缺水地区主要分布于哈尔盖河区。特殊枯水年份各水平年供需结果见表 4.6-8 ~ 表 4.6-10。

表 4.6-8　青海湖流域基准年水资源供需结果表 (特殊枯水年)　　(单位:万 m³)

水资源分区或行政区域		需水量	供水量				缺水量	缺水率 (%)
			地表水	地下水	其他水源	合计		
水资源分区	布哈河上唤仓以上区	91.6	90.7	0.9	0	91.6	0	0
	布哈河上唤仓以下区	588.1	503.9	84.0	0.2	588.1	0	0
	湖南岸河区	166.8	135.2	3.2	0	138.4	28.4	17.0
	倒淌河区	142.6	116.8	1.2	0	118.0	24.6	17.3
	湖东岸河区	578.5	205.8	0	0	205.8	372.7	64.4
	哈尔盖河区	4 730.9	2 232.2	2.1	0	2 234.3	2 496.6	52.8
	沙柳河区	4 124.2	3 452.7	60.9	0.2	3 513.9	610.3	14.8
	泉吉河区	738.5	734.2	4.3	0	738.5	0	0
县区	天峻县	408.1	325.0	83.1	0	408.1	0	0
	刚察县	9 478.5	6 397.2	67.9	0.4	6 465.5	3 013.0	31.8
	共和县	914.5	493.1	5.1	0	498.2	416.3	45.5
	海晏县	360.1	256.0	0.6	0	256.6	103.5	28.8
青海湖流域		11 161.3	7 471.3	156.7	0.4	7 628.4	3 532.9	31.7

表 4.6-9　青海湖流域 2020 年水资源供需结果表 (特殊枯水年)　　(单位:万 m³)

水资源分区或行政区域		需水量	供水量				缺水量	缺水率 (%)
			地表水	地下水	其他水源	合计		
水资源分区	布哈河上唤仓以上区	128.3	95.9	32.4	0	128.3	0	0
	布哈河上唤仓以下区	534.9	373.7	157.5	3.7	534.9	0	0
	湖南岸河区	96.4	75.0	21.4	0	96.4	0	0
	倒淌河区	100.7	89.6	11.1	0	100.7	0	0
	湖东岸河区	383.9	368.8	15.1	0	383.9	0	0
	哈尔盖河区	4 600.8	3 028.6	647.8	0	3 676.4	924.4	20.1
	沙柳河区	3 811.2	3 356.9	450.6	3.7	3 811.2	0	0
	泉吉河区	388.9	375.2	13.7	0	388.9	0	0
县区	天峻县	345.0	179.2	162.3	3.5	345.0	0	0
	刚察县	8 025.2	6 269.1	1 006.0	3.9	7 279.0	746.2	9.3
	共和县	749.5	690.0	59.5	0	749.5	0	0
	海晏县	925.4	625.3	121.9	0	747.2	178.2	19.3
青海湖流域		10 045.1	7 763.6	1 349.7	7.4	9 120.7	924.4	9.2

表 4.6-10　青海湖流域 2030 年水资源供需结果表（特殊枯水年）　（单位：万 m³）

水资源分区或行政区域		需水量	供水量				缺水量	缺水率（%）
			地表水	地下水	其他水源	合计		
水资源分区	布哈河上唤仓以上区	160.3	120.5	39.8	0	160.3	0	0
	布哈河上唤仓以下区	627.0	393.7	224.7	8.6	627.0	0	0
	湖南岸河区	120.3	94.7	25.6	0	120.3	0	0
	倒淌河区	117.9	105.0	12.9	0	117.9	0	0
	湖东岸河区	367.2	349.5	17.7	0	367.2	0	0
	哈尔盖河区	4 634.4	3 055.9	647.9	0	3 703.8	930.6	20.1
	沙柳河区	3 294.2	2 866.4	418.7	9.1	3 294.2	0	0
	泉吉河区	366.5	350.4	16.1	0	366.5	0	0
县区	天峻县	440.9	201.4	231.1	8.3	440.9	0	0
	刚察县	7 444.7	5 733.4	969.1	9.3	6 711.8	732.9	9.8
	共和县	780.8	710.1	70.7	0	780.8	0	0
	海晏县	1 021.4	691.2	132.4	0	823.6	197.8	19.4
青海湖流域		9 687.8	7 336.1	1 403.3	17.6	8 757.0	930.8	9.6

4.7　水资源配置研究

4.7.1　水资源配置原则

水资源配置不仅为政府加强水资源的宏观调控提供依据，而且也可为实施最严格的水资源管理提供技术支撑。根据青海湖流域的实际情况和特点，并结合现阶段流域水资源管理状况，提出如下水资源配置原则。

（1）以缓解青海湖水量亏损为出发点。

长期以来，青海湖水位总体呈现下降趋势，蓄水量不断减少，湖面面积萎缩，湖水矿化度增加，已对青海湖流域及其周边地区的生态环境、人民生活生产构成了威胁。近些年来，随着全球气候变化和经济社会用水需求的增长，用水高峰期生态用水被挤占，河道出现断流，加剧了湖水亏损的速度。因此，青海湖流域水资源配置应以缓解青海湖水量亏损为出发点，在考虑支撑经济社会可持续发展的同时，必须高度重视生态环境对水资源的需求，遏制水生态环境持续恶化的趋势。

（2）合理安排生活、生产、生态用水。

水资源开发利用以支撑经济社会可持续发展为主要目标，经济社会的发展必须考虑水资源的制约作用，因此青海湖流域水资源配置应协调好生活、生产和生态环境用水的关系，优先保证城乡生活用水和基本的生态环境用水，以供定需，强化水资源管理，保障

"人－水－草－畜"可持续发展,禁止在流域内兴建高耗水项目,尽可能减少耗水。

　　(3)多水源联合调配。

　　要充分利用流域内各种水资源,地表水、地下水和中水等水源联合运用、互补余缺,缓解水资源供需矛盾。根据目前青海湖流域各河流水资源状况,合理利用地表水,适量开采地下水,积极开发利用非常规水源(如污水处理再利用、雨水利用)等。

　　(4)保证入湖河流主要断面维持一定的下泄水量。

　　青海湖裸鲤是青海湖水生态系统中最重要的食物链环节,在整个生态系统中处于核心地位。青海湖流域内主要入湖河流是青海湖裸鲤洄游繁殖的场所,在青海湖流域水资源配置中,入湖河流主要断面如布哈河口、刚察和黑马河等控制断面应保证一定的流量和水量。

4.7.2　水资源配置方案

　　根据水资源供需结果和配置原则,青海湖流域水资源配置成果见表4.7-1～表4.7-3。从供需计算及配置结果分析,青海湖流域总供水量基本维持在1亿 m^3,规划水平年基本解决河道外缺水问题。其中2030年地表供水维持在9 125万 m^3,地下水供水量则由基准年的157万 m^3增加至2030年水平的545万 m^3,其他水源供水量略有增加。青海湖流域河道外配置的地表水耗损量基准年为7 165万 m^3,到2030水平年减少为6 505万 m^3,减少了660万 m^3,2030水平年地表水耗损量占地表水资源总量的3.7%;地下水开采量为545万 m^3,不超过地下水可开采量。

表4.7-1　青海湖流域基准年水资源配置成果表　　　　　(单位:万 m^3)

水资源分区或行政区域		供水量				用水量				
		地表水	地下水	其他	合计	城镇生活和农村人畜饮水	工业、建筑业及第三产业	农业灌溉	河道外生态	合计
水资源分区	布哈河上唤仓以上区	90.7	0.9	0	91.6	83.8	7.8	0	0	91.6
	布哈河上唤仓以下区	503.9	84.0	0.2	588.1	401.1	81.8	104.7	0.5	588.1
	湖南岸河区	163.6	3.2	0	166.8	155.3	11.5	0	0	166.8
	倒淌河区	141.4	1.2	0	142.6	76.4	9.9	56.3	0	142.6
	湖东岸河区	480.8	0	0	480.8	64.6	2.2	414.0	0	480.8
	哈尔盖河区	3 873.0	2.1	0	3 875.1	183.0	27.9	3 664.2	0	3 875.1
	沙柳河区	3 869.2	60.9	0.2	3 930.3	239.4	57.9	3 632.0	1.0	3 930.3
	泉吉河区	734.2	4.3	0	738.5	87.5	6.0	645.0	0	738.5
县区	天峻县	325.0	83.1	0	408.1	326.8	80.8	0	0.5	408.1
	刚察县	8 360.5	67.9	0.4	8 428.8	551.2	91.9	7 784.7	1.0	8 428.8
	共和县	811.6	5.1	0	816.7	321.2	25.2	470.3	0	816.7
	海晏县	359.6	0.6	0	360.2	91.8	7.2	261.2	0	360.2
青海湖流域		9 856.7	156.7	0.4	10 013.8	1 291.0	205.1	8 516.2	1.5	10 013.8

表 4.7-2 青海湖流域 2020 水平年水资源配置成果表 （单位：万 m³）

水资源分区或行政区域		供水量				用水量				
		地表水	地下水	其他	合计	城镇生活和农村人畜饮水	工业、建筑业及第三产业	农业灌溉	河道外生态	合计
水资源分区	布哈河上唤仓以上区	95.9	32.4	0	128.3	117.5	10.8	0	0	128.3
	布哈河上唤仓以下区	373.7	157.5	3.7	534.9	257.4	66.7	206.9	3.9	534.9
	湖南岸河区	75.0	21.4	0	96.4	82.8	13.6	0	0	96.4
	倒淌河区	89.6	11.1	0	100.7	54.2	11.9	34.6	0	100.7
	湖东岸河区	368.8	15.1	0	383.9	39.9	2.8	341.2	0	383.9
	哈尔盖河区	4 567.8	33.0	0	4 600.8	152.6	49.9	4 398.3	0	4 600.8
	沙柳河区	3 652.7	154.8	3.7	3 811.2	152.7	50.6	3 604.2	3.7	3 811.2
	泉吉河区	375.2	13.7	0	388.9	47.9	7.4	333.6	0	388.9
县区	天峻县	179.2	162.4	3.4	345.0	276.0	65.1	0	3.9	345.0
	刚察县	7 807.5	213.7	4.0	8 025.2	355.0	109.7	7 556.8	3.7	8 025.2
	共和县	690.0	59.5	0	749.5	204.9	30.4	514.2	0	749.5
	海晏县	922.0	3.4	0	925.4	69.1	8.6	847.7	0	925.4
青海湖流域		9 598.7	439.0	7.4	10 045.1	905.1	213.7	8 918.8	7.6	10 045.1

表 4.7-3 青海湖流域 2030 水平年水资源配置成果表 （单位：万 m³）

水资源分区或行政区域		供水量				用水量				
		地表水	地下水	其他	合计	城镇生活和农村人畜饮水	工业、建筑业及第三产业	农业灌溉	河道外生态	合计
水资源分区	布哈河上唤仓以上区	120.5	39.8	0	160.3	145.0	15.3	0	0	160.3
	布哈河上唤仓以下区	393.7	224.7	8.6	627.0	318.7	96.4	206.9	5.0	627.0
	湖南岸河区	94.7	25.6	0	120.3	102.7	17.6	0	0	120.3
	倒淌河区	105.0	12.9	0	117.9	67.9	15.4	34.6	0	117.9
	湖东岸河区	349.5	17.7	0	367.2	48.6	3.6	315.0	0	367.2
	哈尔盖河区	4 590.4	44.0	0	4 634.4	204.8	78.8	4 350.8	0	4 634.4
	沙柳河区	3 121.0	164.1	9.1	3 294.2	191.1	73.1	3 024.3	5.7	3 294.2
	泉吉河区	350.4	16.1	0	366.5	59.1	9.7	297.7	0	366.5
县区	天峻县	201.5	231.1	8.3	440.9	342.0	93.9	0	5.0	440.9
	刚察县	7 196.3	239.0	9.4	7 444.7	456.7	165.6	6 816.7	5.7	7 444.7
	共和县	710.1	70.7	0	780.8	253.1	39.7	488.0	0	780.8
	海晏县	1 017.3	4.1	0	1 021.4	86.1	10.7	924.6	0	1 021.4
青海湖流域		9 125.2	544.9	17.7	9 687.8	1 137.9	309.9	8 229.3	10.7	9 687.8

从配置的用水量分析,城镇生活和农村人畜饮水用水量基本维持在 1 300 万 m³ 以下,其中 2020 年由于退牧减畜,农村人畜饮水用水量略有减少;工业、建筑业及第三产业用水量由基准年的 205 万 m³ 增加到 2030 水平年的 310 万 m³;农业灌溉用水量 2030 水平年不超过 9 000 万 m³;河道外生态用水量由基准年的 1.5 万 m³ 增加到 2030 水平年的 10.7 万 m³。

从区域分布上看,在现状缺水的哈尔盖河区、沙柳河区和湖东岸河区,通过建立完善的城乡饮水安全保障体系,加快灌溉渠系维修和改造,大力发展节水灌溉,并通过适量开采地下水等措施,在保证基本生态环境用水的同时,可满足经济社会发展对水资源的合理需求。在现状水资源供需基本平衡的布哈河上唤仓以上、布哈河上唤仓以下和泉吉河等地区,在保障城乡饮水安全、实现“人 – 水 – 草 – 畜”平衡的基础上,应严格控制人为耗水,同时注意对水资源的保护,保证入湖水量和水质。

4.7.3　枯水年份水资源配置应急对策

据分析,青海湖流域枯水年份($P = 75\%$ 和 $P = 95\%$)水资源总量分别为 15.66 亿 m³ 和 10.12 亿 m³,比多年平均水资源量减少了 28% 和 53%。受天然来水减少的影响,供水量有较大幅度的下降,在保证生活和河道内基本生态环境用水的条件下,局部区域国民经济用水出现较大缺口。2030 水平年特殊枯水年哈尔盖河区河道外缺水 931 万 m³,缺水率达到 20.1%,水资源供需矛盾将对区域牧业发展和生态环境有一定影响。因此,本次研究提出在枯水年尤其是特殊枯水年水资源严重短缺情况下的对策措施。

(1)协调“三生”用水,采取科学应急需水调控措施。

在水资源严重短缺的情况下,要合理协调生活、生产、生态用水,科学制订供水计划。枯水年份应当优先保证生活用水,合理调整生产用水,适当削减农作物和草原灌溉用水,采用非充分灌溉定额,减少对生态环境的影响。

(2)挖掘供水潜力。

主要措施有:适当增加开采地下水,在保证居民生活用水的同时,部分人畜饮水工程兼顾饲草料地应急灌溉用水,减少灌溉关键期缺水;在湖东岸河区充分发挥娄拉水库和已有涝池的调蓄作用;对于水质要求不高的用水部门,适当增加再生水供水量,以替代新鲜水的供水量等。

(3)加强流域饲草储备能力。

在水资源严重短缺或出现雪灾、冰雹等自然灾害的情况下,牧草产量和质量降低,会严重影响牲畜的正常生长,给畜牧业带来危害。因此,为应对自然灾害带来的牧草减产,必须加大政策扶持力度,加强组织领导和科技指导,提高饲草储备数量和质量。

(4)适时开发空中水资源。

青海省东部农业区和环青海湖地区从 20 世纪 90 年代就开展了以春季抗旱为目的的飞机增雨作业。作业范围为环青海湖地区、海北、海南和黄南的部分地区,总面积约为 5 万 km²,作业时段为每年的 3 ~ 6 月。遇枯水年和连续枯水年份时,应加强气象预报,选择适当时机实施人工增雨措施。

4.8 青海湖水位变化趋势预测研究

4.8.1 青海湖阈值水位分析

青海湖流域的气候、环境和水体条件孕育了独特的生物资源,青海湖湖泊和湖滨生物主要包括湖中浮游生物、湖中底栖生物、鱼类、湖滨沼泽生物和鸟类等。青海湖裸鲤是在青海湖形成发展过程中逐渐演化而来的,占青海湖鱼类资源的95%以上。青海湖裸鲤是青海湖生态系统中顶级生物鸟类中肉食性鸟类的主要食物来源,而青海湖裸鲤的食物来源主要是湖中浮游植物、浮游动物、底栖植物和底栖动物。因此,青海湖裸鲤处于青海湖整个生态系统的核心,在青海湖生态系统中占有重要的地位。

《青海湖生态环境演变及生态需水研究报告》(黄河流域(片)水资源综合规划专项,中国水利水电科学研究院,2007年11月)中开展了青海湖裸鲤耐盐碱急性试验,结合青海湖周边四个小子湖盐度及其子湖内裸鲤的变化情况,并综合相关研究成果,初步判断青海湖盐度上升到16~17 g/L时,青海湖中裸鲤就会受到明显影响,即使能够存活,但作为关键物种对系统的支撑作用将明显下降。由此得出青海湖生态系统可以忍受的最大盐度是16~17 g/L,同时考虑湖水盐度上下层的差为0.2~0.3 g/L,选定以湖水平均盐度16.8 g/L为标准,计算青海湖未来30年最小阈值水位。按照有实测盐度的年份所对应的水位,建立年平均水位与盐度的关系,将阈值盐度16.8 g/L扣除30年自然增加的盐度0.025 g/L,计算得到青海湖未来30年最小阈值水位为3 190.25 m,对应湖泊面积为3 842.52 km^2。

按水量平衡原理,当入湖补给量等于湖泊耗水量时,湖泊水位达到平衡点。在现状平均气候条件和入湖补给水平下,当湖泊水面面积萎缩到3 981 km^{2}时,对应青海湖水位为3 191.78 m,湖泊水量补耗达到平衡点。青海湖水量补耗平衡所对应的水位高于青海湖裸鲤可以忍受的最大盐度对应的水位。因此,选定规划期内青海湖阈值水位为3 190.25 m,对应湖泊面积为3 842.52 km^2。

4.8.2 青海湖水位变化模拟

根据1959~2000年湖区水位站观测的年平均水位资料和流域年平均降水、蒸发资料,建立青海湖年平均水位变化与流域年平均降水和蒸发的关系:

$$\Delta H = 0.659P_t - 0.393E_t + 1.198P_{t-1} - 0.389E_{t-1} \qquad (4.8-1)$$

式中 ΔH——当年湖泊水位升降值,mm;

$\quad P_t$——当年流域平均降水量,mm;

$\quad E_t$——当年流域平均水面蒸发量,mm;

$\quad P_{t-1}$——上年流域年平均降水量,mm;

$\quad E_{t-1}$——上年流域年平均蒸发量,mm。

近50年青海湖水位变化统计表明,水位变化的总趋势为波动中下降。图4.8-1显示计算出1959~2000年年均水位值与实测年均水位值的比较。根据《水文情报预报规范》

（GB/T 22482—2008）中长期预报精度评定的规定：对于水位的定量预报按多年同期实测变幅的10%作为许可误差。经统计，1959～2000年实测年均水位变幅的10%为0.338m，计算水位与实测水位的误差大于许可误差的仅有1年，合格率达到97.6%。

图4.8-1　青海湖年均实测及计算水位过程线（率定阶段）

据2001～2010年观测资料，对公式（4.8-1）进行检验，由表4.8-1各年计算与实测水位对比结果可见，除2009年和2010年计算值较实测误差偏大外，其余年份均吻合较好，合格率为80.0%。从率定和检验阶段可以看出，所建模型能反映青海湖历年的水位变化过程，可用来规划水平年不同情景下水位变化预测。

表4.8-1　2001～2010年青海湖水位计算值与实测值比较（检验阶段）

年份	实测水位（m）	计算水位（m）	绝对误差（m）	许可误差（m）	是否合格
2001	3 192.89	3 192.97	0.08		合格
2002	3 192.77	3 192.80	0.03		合格
2003	3 192.76	3 192.72	−0.04		合格
2004	3 192.70	3 192.74	0.04		合格
2005	3 192.90	3 192.87	−0.03	±0.11	合格
2006	3 193.11	3 193.02	−0.09		合格
2007	3 193.17	3 193.15	−0.02		合格
2008	3 193.23	3 193.26	0.03		合格
2009	3 193.31	3 193.50	0.19		不合格
2010	3 193.77	3 193.63	−0.14		不合格

4.8.3　青海湖水位变化趋势预测

气候变化通过改变气温和降水直接影响水资源的时空分布，并且对河川径流量和湖泊尤其是内陆湖泊水位有重要的影响。以全球变暖为突出标志的环境变化及其可能对生态系统、人类社会产生的影响，已经引起了科学家、各国政府与社会各界的极大关注。从对我国西北地区未来气候变化的预测看，未来一定时期气温升高和降水增加的趋势得到了科学家们的一致认同。虽然目前诸多研究对大尺度的气候变化趋势已有比较明确的认识，但在未来气候变化影响下青海湖水位变化趋势研究还未能给出一致的定量结论。

因此,为能对青海湖水位变化趋势进行预估,本次研究从近50年来平均气候变化趋势出发,采用周期性自回归模型对规划水平年流域降水和蒸发进行预估,与实测系列相比,选取10组年降水和蒸发系列,再利用公式(4.8-1)预测未来青海湖水位的变化过程。青海湖水位预测结果详见表4.8-2。

表4.8-2 2011~2030年青海湖水位预测结果统计分析表

年份	最低水位（m）	最高水位（m）	平均水位（m）	平均年水位变化速率（m/a）	10年平均变化速率（m/a）
2011	3 192.77	3 193.62	3 193.07	0.01	
2012	3 192.73	3 193.68	3 193.06	−0.01	
2013	3 192.71	3 193.69	3 193.03	−0.03	
2014	3 192.58	3 193.62	3 192.99	−0.04	
2015	3 192.55	3 193.44	3 192.93	−0.06	−0.03
2016	3 192.57	3 193.32	3 192.86	−0.07	
2017	3 192.57	3 193.30	3 192.84	−0.02	
2018	3 192.48	3 193.17	3 192.80	−0.04	
2019	3 192.46	3 193.35	3 192.76	−0.04	
2020	3 192.35	3 193.39	3 192.75	−0.01	
2021	3 192.28	3 193.39	3 192.73	−0.02	
2022	3 192.25	3 193.38	3 192.68	−0.05	
2023	3 192.23	3 193.35	3 192.65	−0.03	
2024	3 191.94	3 193.34	3 192.61	−0.04	
2025	3 191.74	3 193.33	3 192.58	−0.03	−0.03
2026	3 191.73	3 193.33	3 192.53	−0.05	
2027	3 191.80	3 193.38	3 192.49	−0.04	
2028	3 191.82	3 193.41	3 192.47	−0.02	
2029	3 191.86	3 193.35	3 192.43	−0.04	
2030	3 191.92	3 193.26	3 192.41	−0.02	

从2011年到2030年进行了逐年的演算,得到了湖水位变化的一组曲线(见图4.8-2和图4.8-3)。由图4.8-2和图4.8-3可知,近期内青海湖水位以波动中下降为主要趋势。表4.8-2列出了10组情景下2011~2030年每年的预测最高、最低水位及其平均年水位变化速率。10组预测结果的平均情况下,2011~2020年、2021~2030年水位的下降速率为0.03 m/a。

《青海湖生态环境演变及生态需水研究报告》分析了流域水资源变化和湖泊演变趋势,研究了青海湖近50年来水资源亏缺量;并在青海湖流域未来气候、水资源变化趋势分析的基础上,预测了未来30年青海湖水位变化趋势及其对青海湖生态的影响;分析了青海湖稳定的可能性及其所需水资源量,评估了远期青海湖及其周边地区的生态与环境状况。未来50年青海湖水位变化趋势为:2020年以前、2021~2030年水位的下降速率分别为0.05 m/a和0.06 m/a,此后水位开始回升并逐渐达到趋稳状态,2040年后水位的变化速率为0。与本次研究预测的水位变化趋势基本一致。

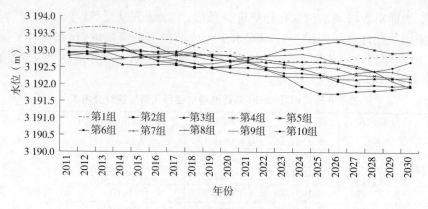

图 4.8-2   预测的 10 组青海湖年水位图

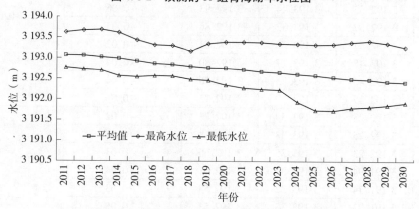

图 4.8-3   预测的青海湖最高、最低和平均年水位图

4.8.4   未来青海湖水位变化的影响

从短时段和千年级时间尺度分析,气候变化是青海湖水位升降的主要因素。2010 年青海湖流域国民经济耗水量为 7 165 万 m³,占青海湖年均亏损水量的 19.8%,尽管国民经济耗水对青海湖水位的影响不甚显著,但人类活动对湖水位的间接影响不容忽视。

用能够反映趋势性的模型预测,未来 30 年青海湖水位变化范围为 3 191.73 ~ 3 193.69 m,与阈值水位 3 190.25 m 比较,属于安全的范畴。因此,在目前尚不能有效改变流域气候环境的前提下,合理开发利用水资源,加强水资源节约和保护,并适度减少人类活动对流域下垫面的破坏,未来 30 年青海湖的水生态系统还会处于相对稳定阶段,但考虑到青海湖每年自然增加的盐度,湖水矿化度仍会出现升高趋势,裸鲤的生长发育也可能会受到影响。因此,应加强对青海湖裸鲤全方位的跟踪监测,当湖水水质可能抑制青海湖裸鲤生长时,再研究跨流域调水问题。

5　青海湖流域水资源保护研究

5.1　水功能区划

地表水功能区包括两级体系,即一级区和二级区。水功能一级区分四类,即保护区、保留区、缓冲区和开发利用区;水功能二级区在一级区的开发利用区内进行划分。

根据 2003 年青海省政府颁布实施的《青海省水功能区划》,青海湖流域共划分一级水功能区 5 个(见附图 9),其中保护区 3 个、保留区 2 个。一级区划结果见表 5.1-1。由于青海湖流域地处青海湖国家级自然保护区,因此未划分二级水功能区。

表 5.1-1　青海湖流域水功能一级区划表

序号	河流 (湖泊)	功能区名称	范围			水质目标
			起始断面	终止断面	长度或面积	
1	布哈河	布哈河天峻源头水保护区	源头	第八道班	245.8 km	II
2		布哈河刚察水产保护区	第八道班	布哈河口	40.4 km	II
3	沙柳河	沙柳河刚察保留区	源头	青海湖	105.8 km	III
4	哈尔盖河	哈尔盖河刚察保留区	源头	青海湖	109.5 km	III
5	青海湖	青海湖自然保护区	青海湖	青海湖	4 340 km²	现状

5.2　纳污能力

纳污能力是指在满足水域功能要求的前提下,按给定的水功能区水质目标值、设计水量、排污口位置及排污方式下的功能区水体所能容纳的最大污染物量。

按照《全国水资源综合规划》规定,保护区、保留区和缓冲区现状水质较好的功能区,其水质目标原则上是维持现状水质,纳污能力等于现状污染物入河量。对于青海湖来说,划分的一级水功能区目前水质状况良好,因此水资源保护目标原则上是维持现状水质,水功能区现状年纳污能力则采用现状污染物入河量,现状年化学需氧量(COD)纳污能力为112.55 t/a,氨氮纳污能力为 10.05 t/a。

未来青海湖流域没有大型水利工程和调水、引水工程建设,水流条件不会有较大变化,因此未来水功能区污染物入河量控制量为现状污染物入河量(即现状纳污能力)。详见表 5.2-1。

表 5.2-1　青海湖流域现状纳污能力及规划年污染物入河量控制量一览表

水功能区	水平年	COD(t/a)	氨氮(t/a)
布哈河天峻源头水保护区	现状、规划	49.29	4.40
布哈河刚察水产保护区	现状、规划	0	0
沙柳河刚察保留区	现状、规划	63.26	5.65
哈尔盖河刚察保留区	现状、规划	0	0
青海湖自然保护区	现状、规划	0	0
合计	现状、规划	112.55	10.05

5.3　水资源保护对策措施

5.3.1　管理措施

（1）实施以水功能区管理为核心的入河污染物总量控制,确保流域水资源的永续利用。

青海湖流域参与评价的 5 个水功能区中,全部达到水功能区划规定的水质目标;参与评价的 13 条河流水质除倒淌河外均达到Ⅲ类标准或优于Ⅲ类标准,水体水质基本保持天然水质状况。但区域内生活污水处理设施建设缓慢,生活污水散排乱排现象不同程度存在;同时,青海湖流域主要为牧业生产区,牲畜活动产生的污染物随着雨水冲刷、洪水等进入水体,也会对河流水质造成一定的潜在威胁。因此,按照国务院关于实行最严格水资源管理制度要求,依据青海省政府批准的《青海省水功能区划》,建立和完善流域水功能区监管体系,实施水功能区限制纳污制度,全面开展以水功能区为单元的水资源保护监督管理,以实现水资源的永续利用。一是继续加强水功能区监测,出台水功能区监管制度,定期对水功能区进行巡查和监测,分解确定各级行政区水功能区纳污红线控制指标,提出水功能区限制总量方案。二是加强入河排污口监管工作,加大资金投入,定期开展入河排污口监测工作,尽快出台入河排污口论证制度、入河排污口申报登记制度、入河排污口巡查监管制度,对现有入河排污口进行登记,逐步开展入河排污口申报、设置合理性论证、日常巡查监管工作,同时逐步建立入河排污口档案并不断完善。三是按照水利部要求,建立流域生态水量调控评估指标体系,对重点江河控制节点的径流量进行实测,开展重要江河湖泊生态流量管理评估工作和重要江河湖库健康综合评价工作。四是加大水资源保护投入,加快监管能力建设。为各级水资源保护监管部门购置必要的办公设备、监管仪器设备,定期对重要水功能区、入河排污口、饮用水水源地、重点河段湖库进行巡查监督。

对于一些《青海省水功能区划》没有覆盖的小河,即非水功能区,没有给定水质目标,应严格按照国家自然保护区的有关要求,制定相应的管理条例、制度,依法严格管理。

（2）有效控制面污染源。

青海湖流域生态环境脆弱,生产模式粗放,农牧业灌溉退水和化肥、农药流失量较大,分散式饲养畜禽废污水排放量大,加剧了流域水污染情势,面源已成为青海湖流域水污染不容忽视的因素。根据《全国生态环境保护纲要》及水功能区管理要求,在严格控制点污染源入河量的同时,应当研究面源的特征、污染物产生和入河的规律以及与受纳水体水质间的响应关系,逐步加强对面污染源入河量的控制。具体措施是重点加强农业取退水管理,采取截流、导流等措施对规划区坡耕地进行改造,控制农药、化肥入河量;农村生活垃圾、农业生产废弃物以及畜禽粪便,结合有关部门开展的农村环境综合整治工程进行整治,减少其产生量;加强城市垃圾生物处理及卫生填埋场建设,避免垃圾堆集地污染河湖水质;发展生态农业和有机农业,以推广有机肥,制订农药、化肥的减量计划为主,切实解决农业面源污染问题。

(3)加强对重点工业污染源及其废水处理设施的有效监督管理。

目前,青海湖流域多数企业仍然处于资源和能源利用率低的粗放经营状态,使得大量有用的原料和能源以污染物的形式进入环境,大部分企业工业废水治理设施缺乏或不能有效运转,工业废水达标排放率低。按照国家环保要求,2020年以前企业必须实现达标排放。对于工业污染源,应以总量控制为依据,以达标排放为手段,通过技术改造、循环利用提高水利用效率,减少污水排放量,以企业投入为主,建设污水处理设施,通过监督监测,促进企业废水处理,在2020年前使现有重点污染企业全部达标排放;2020年以后建设的企业,严格执行"三同时"制度,在竣工验收时就应达标排放。工业污水必须由厂内自行处理达到排放标准后,方能允许排入城市污水管网统一处理。

(4)加大水资源保护宣传力度。

做好舆论宣传,唤起民众和全社会的重视是做好水资源保护工作的重要一环。为此,要强化宣传教育工作,充分利用媒体,向社会公布水资源保护信息,让公众了解水环境污染的严峻现实,提高公众的资源忧患意识和环境保护意识,端正民众的水资源价值观,提高人们爱水、节水的责任感和防治水污染的自觉性。逐步形成全社会对水污染防治和水资源保护的舆论监督,使广大群众积极支持并参与水资源保护工作,形成全社会科学用水、节约用水和污水资源化的社会风气。

(5)加快能力建设,开展科学研究。

加大对水环境监测机构、队伍、设备和技术力量建设的投入力度,尽快提高统一、科学、高效的青海湖水环境监测、预报和应急管理能力。加强与其他有关部门的联系,建立监测数据会商制度和信息共享制度。加强水功能区水质、水量监测,为水资源和水环境保护管理提供科学依据。尽快建立全省水污染事故应急处理体系和预警机制,建立突发水污染事故应急监测系统,对突发水污染事故进行追踪监测,提高对突发水污染事故的处理能力。针对重点任务组织开展一批科技攻关研究,加强水资源保护与水污染防治的研究。

5.3.2　工程措施

各规划水平年青海湖流域规划建设的水资源治理工程主要包括城镇污水处理措施、水质监测站网建设等,详见表5.3-1。

表 5.3-1　青海湖流域水资源保护工程及投资估算表

水功能区	州	水平年	城市污水处理厂				城市污水处理厂配套管网			监测投资措施			总投资（万元）
			污水处理厂名称	类型	处理规模（万t/d）	投资（万元）	项目名称	长度（km）	投资（万元）	监测点名称	监测频率（次/a）	投资（万元）	
布哈河天峻源头水保护区	海西州	2020	天峻生活污水处理厂	二级	0.26	1 300	天峻污水管网建设	8	640	天峻大桥	2	40	1 980
		2030		二级	0.11	550		5	400	天峻大桥	2	40	990
布哈河刚察水产保护区	海北州	2020	刚察吉尔孟乡、共和石乃亥乡生活污水处理站	小型处理站	0.05	150	吉尔孟乡、石乃亥乡污水管网	8	640	布哈河口	2	30	820
		2030		小型处理站	0.05	150		8	640	布哈河口	2	30	820
沙柳河刚察保留区	海北州	2020	刚察生活污水处理厂	二级	0.25	1 250	刚察污水管网	10	800	刚察	2	30	2 080
		2030		二级	0.12	600		5	400	刚察	2	30	1 030
哈尔盖河刚察保留区	海北州	2020	刚察哈尔盖乡、海晏甘子河乡生活污水处理站	小型处理站	0.10	300	哈尔盖乡、甘子河乡污水管网建设	8	640	哈尔盖	2	30	970
		2030		小型处理站	0.05	150		8	640	哈尔盖	2	30	820
青海湖自然保护区	海北州	2020	共和倒淌河镇、黑马河镇、江西沟乡、刚察泉吉乡污水处理站	小型处理站	0.16	480	倒淌河镇、黑马河镇、江西沟乡、泉吉乡污水管网建设	16	1 280	下社、沙陀寺	2	60	1 820
		2030			0.17	510		16	1 280			60	1 850
合计		2020			0.82	3 480		50	4 000			190	7 670
		2030			0.50	1 960		42	3 360			190	5 510
共计					1.32	5 440		92	7 360			380	13 180

（1）城镇污水处理措施。

按照国家关于污水处理率的要求，为保证生活污水处理率达到国家要求，在已有污水处理设施基础上，参照《"十二五"青海省城镇污水处理设施建设规划》，拟 2020 年在青海湖流域新建污水处理厂 2 座，小型污水处理站 8 座，2030 年对 2 座污水处理厂和 8 座污水处理站进行扩建。

青海湖流域各乡镇污水排放管网建设不完善，造成排污分散，散排乱排现象严重，并且雨污不分，污水收集率低。需要加大乡镇污水管网的建设力度，提高污水收集率，统一设置排污口。规划进行污水管网建设改造，2020 年建设管网 50 km，2030 年新增更换管网 42 km。

为确保规划年水资源保护目标的实现，还应考虑逐步开展中水回用，通过提高中水回用率，减少废污水入河，以实现水资源保护目标和水功能区限制纳污红线的要求。

（2）水质监测站网建设。

开展取退水口水量、水质监测，为取水许可制度的实施提供依据。加大青海湖流域水质站网的密度，使监测站点满足水功能区管理的要求。对目前水质监测断面，由青海省水环境监测中心进行监测。开展地下水监测，适应水资源统一管理的需要。开展经常性的排污口监测，为总量控制制度的实施、治理水污染服务。继续加强对重要水源地的水质监测，为供水安全服务。通过建立健全青海湖水质监测站网，适应新时期水资源保护和水功能区管理对水环境监测的要求。

6　青海湖流域生态保护研究

6.1　青海湖流域生态系统保护要求和主要目标

6.1.1　国家对青海湖流域生态保护的要求

《全国生态功能区划》在生态敏感性评价中将青海湖列为沙漠化中度敏感区域,将青海湖以西布哈河流域平原列为盐渍化中度敏感区域;并在全国生态功能区划方案中将青海湖流域大部分地区划为生态调节功能区,依据各生态功能区对保障国家生态安全的重要性,青海湖湿地及其上游高寒草甸列为水源涵养三级功能区。《青海省生态功能区划》提出,青海湖流域属于生物多样性保护与水源涵养区。

《全国主体功能区规划》指出,应加大青海湖保护力度,同时将青海湖国家级自然保护区和青海湖风景名胜区列入了禁止开发区域。

《国民经济和社会发展第十一个五年规划纲要》将"青海湖国家级自然保护区"等国家依法设立的各类自然保护区域划定为禁止开发区,提出要依据法律法规规定和相关规划实行强制性保护,控制人为因素对自然生态的干扰,严禁不符合主体功能定位的开发活动。《青海省国民经济和社会发展十一五规划纲要》指出,加强青海湖流域生态保护与综合治理,逐步建立良性循环的草地和湿地生态系统。

《西北诸河水资源综合规划》指出,西北诸河水生态保护的目标是满足河流基本生态环境需水,维持河流生态系统的健康;限制地下水过量开采,维持合理的地下水位,避免环境地质灾害;满足湖泊湿地补水和林草植被生态建设等用水要求,提高其水源涵养功能;形成具有良性循环的水生态系统,实现水资源的可持续利用、水生态环境保护与经济社会发展相协调。

《青海湖流域生态环境保护条例》指出,青海湖流域是指青海湖和注入青海湖的布哈河、泉吉河、沙柳河、哈尔盖河、黑马河及其他河流的集水区。青海湖国家级自然保护区是青海湖流域生态环境保护的重点地区。青海湖流域生态环境保护以维护生物多样性和保护自然生态系统为目标,以水体、湿地、植被、野生动物为重点,妥善处理生态环境保护与经济建设和农牧民利益的关系。

根据国家和地方相关规划,青海湖流域生态环境相对脆弱,生境类型多样,部分特有生物(如青海湖裸鲤)和典型生态系统(如湖泊湿地、草地)等具有重要保护价值。同时,青海湖流域具有重要的生态调节功能,青海湖湖区和主要入湖河流是重点保护区域,其水源涵养、生物多样性等生态功能发挥对维护流域乃至国家生态安全具有重要意义。

6.1.2　本次研究与《青海湖流域生态环境保护与综合治理规划》的关系

近几十年来,青海湖流域生态环境恶化的严峻态势,引起了党中央和国务院、青海省委和省政府以及社会各界人士的高度关注。为认真落实中央领导同志关于青海湖及其流域生态保护与治理的批示精神,青海省委、省政府要求青海省发展和改革委员会会同省相关厅局开展《青海湖流域生态环境保护与综合治理规划》(以下简称《综合治理规划》)编制工作,并于 2007 年 11 月正式上报国家发展和改革委员会。2007 年 12 月 29 日,国家发展和改革委员会以发改农经〔2007〕3700 号文正式批复了《综合治理规划》。规划指出:利用 10 年左右的时间,逐步保护和恢复流域内林草植被,遏制土地退化的趋势,维护青海湖流域湿地、草原、森林、野生动物构成的高寒生态系统的稳定,特别是青海湖生态系统的稳定,增强水土保持等生态功能。开展人工增雨作业,增加降水量,缓解青海湖水位下降的趋势;改善野生动物栖息、生存、繁衍地的环境,恢复和发展珍稀物种资源;引导和帮助农牧民群众合理利用自然资源,优化产业结构,转变生产经营方式;促进整个流域自然生态系统的良性循环和经济社会的可持续发展,实现生态功能恢复、人民生活水平提高、人与自然和谐相处的目标。《综合治理规划》的批复为全面保护和治理青海湖流域的生态环境理清了思路,提出了目标并指明了方向。《综合治理规划》于 2008 年 5 月正式启动,投资 15.67 亿元,2017 年完成。

本次青海湖流域水资源利用与保护研究的主要目的是进一步加强青海湖流域水资源的有效保护和合理利用,促进流域经济社会、水资源和生态环境协调发展,主要任务为:在青海湖流域水资源开发利用和保护现状调查与评价的基础上,分析流域面临的主要水资源问题和青海湖水位下降的主要原因,研究青海湖水平衡关系,合理确定流域生态保护目标和生态环境需水量,提出水资源合理配置的总体方案,拟订各水功能区和污染物总量控制方案,提出水资源保护和水生态保护的措施,并开展流域水资源监测系统建设规划,提出规划近期实施意见。本次研究中湿地保护、沙漠化土地治理、生态林建设、水土保持以及青海湖裸鲤保护和恢复工作与《综合治理规划》一致,退化草地治理根据现状调查情况,对治理面积进行了复核,并在投资估算中扣除《综合治理规划》已安排的相关投资。

6.1.3　生态保护规划目标和措施

2020 年,通过用水总量控制、河道内生态用水保障等措施,流域内多年平均河道外用水总量控制在 10 000 万 m^3。布哈河口水文站断面多年平均生态环境用水量不少于 21 000万 m^3,其中 6~9 月不少于 20 000 万 m^3;刚察水文站断面多年平均生态环境用水量不少于 5 900 万 m^3,其中 6~9 月不少于 5 800 万 m^3,逐步改善青海湖裸鲤生境条件。通过开展湿地保护、草地保护、沙漠化土地治理、生态林建设、谷坊和沟头防护工程以及青海湖裸鲤保护等措施,恢复植被,提高产草量,改善下垫面条件,提高水源涵养和维护生物多样性等生态功能。

2030 年,深入贯彻实施最严格水资源管理制度,多年平均河道外用水总量控制在10 000万 m^3 以内,河道内生态环境用水量及过程得到满足,湿地保护、草地保护、沙漠化土地治理、生态林建设、谷坊和沟头防护工程以及青海湖裸鲤保护等措施进一步实施,生态环境得到进一步恢复和改善,保证生态安全。

6.2 减缓青海湖水量亏损的对策措施

6.2.1 青海湖水量亏损状况及原因分析

近50年来,青海湖水位呈现较为明显的波动下降趋势。以青海湖沙陀寺水位站为例,1956年年平均水位3 196.79 m,2010年年平均水位3 193.77 m,1956~2010年少数年份上升,多数年份下降,总体呈下降趋势,湖水位共下降3.02 m,平均每年下降0.06 m;湖面积缩小274 km²,年均缩小5.0 km²,储水量减少约133亿 m³。青海湖水位下降造成湖面退缩,不断分离出新的子湖。目前已分离出4个较大的子湖,由北而南分别为尕海、新尕海(沙岛湖)、海晏湾(未完全与青海湖分离)和洱海。据青海湖水量平衡分析,1959~2000年青海湖多年平均入湖补给量为37.58亿 m³,多年平均总耗水量41.20亿 m³,即平均每年青海湖水量亏缺为3.62亿 m³。

根据气候变化对水位变化的影响分析,青海湖水位的年际波动与湖区降水量和入湖地表径流量的波动正向同步,而与湖面蒸发量负向同步,同时湖面蒸发量虽略有下降趋势,但其量仍超过补给量。2010年青海湖流域国民经济耗水量为7 165万 m³,占青海湖年均亏损水量的19.8%。因此,青海湖水位下降是气候变化和人类活动共同影响的结果,其中气候变化占据主要地位,但人类活动对湖水位的间接影响是不容忽视的。

6.2.2 对策措施

在目前尚不能有效改变流域气候环境的前提下,合理开发利用水资源,加强水资源节约和保护,并适度减少人类活动对流域下垫面的破坏,提高地表水分涵养能力,无疑是减缓水位下降趋势的有效举措。

6.2.2.1 用水总量控制

在规划过程中,深入贯彻实施最严格水资源管理制度,制定用水总量控制红线。首先通过大力推进节水型社会建设,提高水资源利用效率,合理抑制需求。根据节水规划和需水预测成果,青海湖流域多年平均河道外总需水量由基准年的1.12亿 m³减少到2030年的0.97亿 m³,规划期内青海湖流域河道外需水量稳中有降。

其次,在开展水资源供需分析和配置时,以优先保证城乡生活用水和基本的生态环境用水为出发点,严格控制入湖河流主要断面下泄水量,统筹安排工业、农业和其他行业用水,同时通过增加青海湖流域地表供水工程能力和适当增加地下水开采量,保障经济社会可持续发展和生态环境保护对水资源的合理需求,规划水平年基本解决河道外缺水问题。青海湖流域各水平年配置的总供水量基本维持在1亿 m³,经预测,规划水平年内青海湖水位的下降速率为0.03 m/a,较1956~2010年下降速率0.06 m/a低0.03 m/a。

6.2.2.2 河道内生态用水保障措施

河道内生态用水通过重要断面流量及过程的保障而实现。河川径流是鱼类生长发育和沿河及湖滨湿地维持的关键与制约因素之一,根据重点河段保护鱼类洄游对径流条件要求及洪漫和湖滨湿地水分需求,考虑青海湖流域水资源条件和水资源配置实现的可能性,依据河道内生态需水量计算成果,确定重要断面关键期生态需水量及其过程。

为保障河道内生态用水,应加强水资源统一管理,将生态用水纳入水资源统一配置指标,在确保防洪安全前提下,保障重要断面关键期生态流量,尽可能提高流量过程满足程度。强化用水总量控制,按照水资源总体配置,严格控制超指标用水,保障河流最基本生态需求,维持河流廊道连通性和水流连续性及河湖连通性。

加强水功能区管理,严格控制污染物超标排放,实施入河湖污染物总量控制制度,加大流域工业污染源治理和非点源污染控制力度,提高水质监测能力,逐步改善生态保护重点河段水环境质量,满足鱼类生存所需水质要求。

6.3 青海湖流域湿地保护研究

6.3.1 湿地保护现状及存在的主要问题

青海湖流域湿地包括湖泊、河流(含沟渠)、沼泽、冰川等类型。根据遥感资料分析,湿地面积 7 122 km²,占青海湖流域总面积的 24.01%。其中:湖泊面积 4 310 km²,占青海湖流域总面积的 14.53%;河流面积 70 km²,占青海湖流域总面积的 0.24%;沼泽地面积 2 178 km²,占青海湖流域总面积的 7.34%;滩地面积 540 km²,占青海湖流域总面积的 1.82%;冰川和永久积雪地面积 24 km²,占青海湖流域总面积的 0.08%。

青海湖国家级自然保护区是一个以水禽鸟类和青海湖湿地为主要保护对象的保护区。青海湖自然保护区成立于 1975 年,为青海省第一个省级自然保护区。1976 年建立鸟岛管理站,1984 年成立青海湖自然保护区鸟岛管理处,1992 年被列入《关于特别是作为水禽栖息地的国际重要湿地公约(拉姆萨公约)》国际重要湿地名录。1997 年 12 月经国务院批准,晋升为国家级自然保护区。保护区成立以后,青海省人民政府十分重视,于 1985 年颁布了《青海省人民政府关于加强青海湖自然保护区鸟岛管护工作的布告》,使保护区的保护工作逐渐走向正轨。2003 年颁布实施了《青海湖流域生态环境保护条例》,明确指出加强青海湖流域湿地保护,组织对湿地的综合性调查研究,开展湿地野生动植物种群及生息地的监测。

当前青海湖流域湿地保护面临的主要问题表现在:湿地保护区建设步伐缓慢,管理水平低;缺乏湿地保护管理的协调运行机制;湿地保护法制建设有待加强;湿地保护宣传工作滞后等。

6.3.2 湿地保护建设内容和规模

《青海湖流域生态环境保护与综合治理规划》湿地保护工程建设内容主要有封泽育草、湿地管护和设置宣传牌、农牧民定居与退牧减畜以及监测系统等。并指出对严重退化的湿地区域内的牧民安排迁移并实施退牧减畜。封泽育草分为两类:第一类是全年封育,合计面积 96 km²,其封育区一是在青海湖西岸的泉湾地区,常年有泉水涌出,冬天为不冻泉,这里是国家一级保护动物黑颈鹤繁衍栖息地,也是国家二级保护动物大天鹅的越冬地,地位极为重要;二是在青海湖东北缘,位于甘子河与哈尔盖河、沙柳河等河口地区,是普氏原羚的重要活动区域。第二类是季节性封育,面积2 670 km²,这一类封育区包括湖泊湿地和河源湿地的全部。这些湿地是优质牧草区,既要保证沼泽地水草的正常生长发育,不至于退化,又要满足牲畜对牧草的正常需求,不至于大规模减少牧草面积而造成减产,故拟实行季节性休牧。在青草返青期(5月中旬至7月中旬)和结籽期(9月中旬至10月中旬)的3个月内进行封育,其余时间合理放牧,达到封牧结合、以封养牧的效果。

鉴于《青海湖流域生态环境保护与综合治理规划》湿地保护工程建设已经开始实施,并规划到2017年完成,本次在近期水平年不再新增湿地保护建设内容(见表6.3-1),主要是推进和落实《青海湖流域生态环境保护与综合治理规划》中的湿地保护工程,包括岛泉湾湿地、布哈河河流湿地、倒淌河洱海湿地、沙柳河河流湿地、黑马河河流湿地以及河源区沼泽湿地等六个区域的封泽育草、湿地管护和设置宣传牌、农牧民定居与退牧减畜以及监测系统等建设。

考虑到湿地保护的复杂性和艰巨性,远期水平年应在加强青海湖流域湿地动态变化规律及其物理、化学和生物过程等研究的基础上,将河流、湖泊和沼泽生态系统与陆地生态系统紧密结合起来,在流域整体尺度下进行河流、湖泊和沼泽的保护与生态修复。

表 6.3-1 青海湖流域湿地保护内容与规模表

建设地点	建设范围	封泽育草(km²)		
		总面积	季节性封育	全年封育
刚察县	泉吉河、沙柳河、哈尔盖河上游与沙柳河下游	1 106	1 086	20
天峻县	布哈河上中游	1 441	1 441	
海晏县	甘子河下游及湖滨区	61	37	24
共和县	石乃亥西部山地、泉湾和倒淌河源区、湖滨区	107	86	21
三角城种羊场	沙柳河河口区	17		17
湖东种羊场	切吉曲下游一带	33	20	13
青海湖农场	沙柳河以西、铁路线以南湖滨区	1		1
合计		2 766	2 670	96

6.4 青海湖流域草地保护

草地是青海湖流域群众赖以生存的资源,是建设绿色生态型经济的重要基础,也是涵养水源和生态环境的重要保证,对青海湖流域生态保护与修护意义重大。

6.4.1 现状存在问题及相关规划说明

《青海湖流域生态环境保护与综合治理规划》指出,治理青海湖流域退化草地的主要措施是加大生态保护力度,利用大自然的自我修复能力实现自我修复,同时辅以人工治理措施,加快退化草地的逆转速度。退化草地修复与治理主要安排退牧还草、重度沙化型草地治理、黑土滩型退化草地植被恢复、毒杂草型退化草地治理和草原鼠虫害防治等内容。

(1)退牧还草和减畜。青海湖流域草地面积辽阔,是青海省重要的牧业区之一。近年来,由于超载过牧,再加上气候暖干化的影响和鼠害的破坏,流域内天然草地退化速率加快。为保护青海湖流域的生态环境,适时实施退牧还草和减畜工程,减轻天然草场放牧压力,规划在青海湖及湖滨区、中山丘陵区和高山区的中度以上退化草地内实施。对流域内中度以上沙化的草地、毒杂草型退化草地、黑土滩型退化草地实施围栏封育,对中度沙化草地、毒杂草型退化草地实行季节性休牧,并对封育后的中度退化、沙化草地实施人工补播和饲料粮补助。退牧还草总面积 8 547 km²,其中重度退化草地面积 1 826 km²(主要指重度沙化型退化草地和黑土滩型退化草地),中度退化草地面积 6 721 km²。退牧还草实施后,为达到草畜平衡,还必须实施减畜,减畜的规模为 99.57 万羊单位,其中退牧减畜为 88.04 万羊单位,生态移民减畜 11.53 万羊单位。

重度沙化型退化草地境内分布有大量的沙地和流动沙丘,由少量旱生植物、家畜(包括野生动物)和微生物等生物因子构成沙化草地生态类型,该类生态系统功能脆弱简单,正向荒漠生态系统演替。该类草地覆盖度 15% ~30%,生产力和利用价值极低,主要分布在青海湖流域的湖滨滩地、低山丘陵带的冬春草场,总面积 915 km²。为遏制此类草地向荒漠化演替,对该类退化草地采取免耕补播恢复草原植被,并实行长期禁牧封育(列入退牧还草工程之中),规划治理面积 915 km²。

黑土滩型退化草地是指过牧、鼠害以及冻融、风蚀和水蚀等引起的严重退化的草地,主要表现为植被稀疏、盖度降低、可食牧草比重减少、草场生产力大幅度下降、土地裸露、土壤结构及理化性质变劣、水土流失及土地荒漠化加剧。该类草地仅通过长期封育,难以恢复,必须通过人工治理措施相配套。主要治理措施为土壤改良、施肥、补播牧草及封禁等。青海湖流域黑土滩型重度退化草地面积约 911 km²,规划全部治理。

(2)草原鼠虫害防治。青海湖流域鼠虫危害面积 13 024 km²,其中各类害鼠危害面积 10 507 km²,虫害面积 2 517 km²。规划对鼠虫害草原全部治理。在实施退牧还草与退化草地综合治理时,首先要对鼠虫进行防治,采用生物毒素人工防治地面鼠害、人工弓箭捕捉地下鼠、利用生物和药物防治虫害。

6.4.2 青海湖流域草地保护措施及规模

青海湖流域草地保护应遵循"整体推进、与牧协调,因地制宜、突出重点,统筹兼顾、注重特色,以封为主、封育结合"的原则,本次提出的草地保护措施主要有草地封育和草地补播。详见表 6.4-1。

表 6.4-1　青海湖流域草地保护工程措施及规模表

县区	草地封育(km²)	草地补播(km²)
天峻县	4 469.0	2 426.4
刚察县	2 078.4	806.9
共和县	1 552.2	627.4
海晏县	586.9	351.7
青海湖流域	8 686.5	4 212.4

(1)草地封育。结合青海湖流域土地利用遥感调查成果,现状低覆盖度草场、黑土滩及退化的中覆盖度草场总面积为 10 286 km²,扣除现有围栏草地 6 695 km²,规划新建围栏封育草地 3 591 km²,并考虑已建围栏中有约 5 095 km² 是 20 世纪 80 年代前后建设的,需要更新,因此本次规划共建围栏封育草地 8 686 km²。围栏封育分为全封禁和半封禁(划区轮牧)两种方式。全封禁主要是针对人口相对集中、植被较差的低覆盖度草场,为尽快恢复草场植被、提高其涵养水源能力,采取全年全封方式。半封禁(划区轮牧)主要是针对人口相对稀少、植被相对较好的退化中覆盖度草场,采取划区轮牧方式。

(2)草地补播。结合草地封育对低覆盖度(覆盖度一般在 20% 以下)草场、严重退化沙化草场及黑土滩进行草地补播,主要草种有针茅、披碱草、早熟禾、星星草、芨芨草等。规划补播草地面积 4 212 km²。

6.5　青海湖流域沙漠化土地治理

6.5.1　现状存在的主要问题及相关规划说明

青海湖沙漠化土地分布在环湖周围的山前平原地带,主要是在湖东、湖东北一带海晏县的克图、大小占领至湖东种羊场、倒淌河一带,尕海、沙岛、草褡裢、甘子河,湖西北岸的沙陀寺至布哈河、鸟岛地区等。受全球气候变暖和人类活动加剧的双重影响,流域内沙丘由原来主要集中在东北部加速向整个湖区扩展。

《青海湖流域生态环境保护与综合治理规划》中,沙漠化土地治理在青海湖及湖滨区的严重沙漠化地区实施,治理重点是铁路公路两侧、河道两岸、青海湖四周的滩地和农牧民定居点周围的流动与半流动沙地,对于暂不具备治理条件的其他沙化扩展地区,规划为封禁保护区。规划实施沙漠化土地治理面积 394 km²,其中人工固沙并种草 85 km²,封沙育林(草)282 km²,沙地人工造灌木林 27 km²。

6.5.2　青海湖流域沙漠化土地治理措施及规模

结合《青海湖流域生态环境保护与综合治理规划》和土地利用遥感调查成果,考虑不同区域土地沙漠化发展程度不同,采取综合防治途径。对于严重沙漠化区(流动沙地),主要采用围栏封育和种植固沙植物,并在危害严重地段设沙障压沙并结合种草种树。对于强烈发展的沙漠化地区(半固定沙地),从控制风蚀上采取措施,减少人为压力,切实保护好现有的植物。对于正在发展中的沙漠化地区(固定沙地),营造适生的灌木防护林带,并结合围封措施。对于潜在沙漠化区,主要是合理利用保护现有植被,并结合适当禁牧措施。本次提出沙漠化土地治理总面积为 394 km²,详见表 6.5-1。

表 6.5-1　青海湖流域沙漠化土地治理工程措施及规模表

县区	沙漠化土地治理(km²)	县区	沙漠化土地治理(km²)
天峻县	50	刚察县	135
共和县	114	海晏县	95
青海湖流域	394		

6.6 青海湖流域生态林建设

6.6.1 现状存在的主要问题及相关规划说明

青海湖流域属于水源涵养与生物多样性保护区。目前青海湖流域天然林的主要问题有:面积小、分布分散;乔木林少,乔灌木林混交结构远未形成,人工林的生态系统尚未形成等。保护天然森林,营造生态林,具有截留涵养雨水,防止水土流失,增加土壤水分下渗,抑制地表水分蒸发,减缓和调节地表径流的能力,有利于发挥水源涵养、水土保持、净化水质和空气等生态功能,对水生态系统保护和修复有一定意义。

《青海湖流域生态环境保护与综合治理规划》在林种设定、地域布局和树种安排以及造林规模等方面给出明确安排,提出在中山丘陵区海拔 3 500 m 以下的阴坡宜林地和青海湖湖滨区的宜林地建设生态林,树种选择以耐寒冷的灌木树种为主。

6.6.2 青海湖流域生态林建设措施及规模

结合青海湖流域土地利用遥感调查以及青海省水土保持生态建设规划成果,充分吸收已有造林经验,本研究提出在流域内中山丘陵区海拔 3 500 m 以下的阴坡宜林地和青海湖湖滨区的宜林地营造生态林,以耐寒冷的灌木林为主,如柽柳、沙地柏等,乔木树种主要种植在滩地、铁路与公路沿线、沟渠与河道两岸、城镇与居民点附近。规划营造生态林 46.5 km²,其中共和县生态林建设 22.9 km²,海晏县生态林建设 2.0 km²,刚察县生态林建设 20.7 km²,天峻县生态林建设 0.9 km²。详见表 6.6-1。

表 6.6-1　青海湖流域生态林建设工程措施及规模表

县区	生态林建设(km²)	县区	生态林建设(km²)
天峻县	0.9	刚察县	20.7
共和县	22.9	海晏县	2.0
青海湖流域	46.5		

6.7 谷坊和沟头防护工程

6.7.1 现状存在的主要问题

青海湖流域水土流失严重,流失面积达 15 179 km²,占流域总面积的 51%。区内水土流失主要有 3 种形式,即水力侵蚀、风力侵蚀和冻融侵蚀。其中水力侵蚀面积最大,占水土流失总面积的 49.4%;其次是冻融侵蚀,占 43.1%;风力侵蚀面积相对较小,占 7.5%。据现状调查,青海湖流域布哈河、泉吉河、沙柳河、哈尔盖河和黑马河等河流入湖悬移质沙量约为 64.82 万 t,布哈河河口三角洲逐年向湖中延伸。同时,流域内中低山区植被条件较差,为水土流失严重区域,在汛期降雨强度大时,山洪和泥石流时有发生,威胁周围公路、桥梁和人民群众的生命财产安全。

6.7.2　本研究提出的措施及规模

结合《青海湖流域生态环境保护与综合治理规划》和青海省水土保持生态建设规划成果,因地制宜实施谷坊和沟头防护工程,以固定沟床,拦蓄泥沙,防止或减轻山洪及泥石流灾害,同时对提高水源涵养能力、减轻水土流失意义重大。建议建设谷坊 370 座,涉及工程量为 5.55 万 m^3;规划建设沟头防护工程 50 km,涉及工程量为 15 万 m^3。详见表 6.7-1。

表 6.7-1　青海湖流域谷坊和沟头防护工程措施及规模表

县区	谷坊		沟头防护工程	
	数量(座)	工程量(万 m^3)	数量(km)	工程量(万 m^3)
天峻县	—	—	—	—
刚察县	80	1.2	10	3
共和县	270	4.05	20	6
海晏县	20	0.3	20	6
青海湖流域	370	5.55	50	15

6.8　青海湖裸鲤保护及种群恢复

6.8.1　青海湖裸鲤保护现状及存在的主要问题

青海湖裸鲤数量减少与衰竭已引起了国家和青海省的高度重视。自 20 世纪 60 年代起至今,各级政府公布了许多保护青海湖裸鲤的“条例”、“实施细则”和“办法”,其中1992 年经青海省人大常委会批准颁布了《青海省实施〈中华人民共和国渔业法〉办法》,对青海湖渔业资源的增殖、管理、保护作出了详尽的法律规定,青海湖渔业资源的增殖和保护纳入了法制的轨道。同时从 1982 年至 2010 年先后四次实施了封湖、禁捕、育鱼措施,同时先后建立了青海湖水上公安局和青海湖哈尔盖、湖东、江西沟、布哈河 4 个水上派出所,其保护和执法力度进一步加强。1997 年建设了青海湖裸鲤人工放流站,2003 年在原国家级青海湖裸鲤原种站和青海湖裸鲤人工放流站基础上组建成立了青海湖裸鲤救护中心。2002 年以来开始向青海湖放流裸鲤原种鱼苗,青海湖裸鲤数量得到了初步恢复。

青海湖水位的持续下降、湖水矿化度升高,使裸鲤的生长发育受到严重影响,加剧了裸鲤资源衰退的过程。封湖休渔大幅度降低了捕捞强度,使裸鲤资源得到休养生息,然而由于管理战线长、范围大、管理手段落后,加之利益的驱使,湖区偷捕滥猎活动屡禁不止,尤其是产卵场所的破坏和偷捕亲鱼的事件不断发生,对青海湖裸鲤的恢复带来严重影响。目前能进入河流产卵繁殖的亲鱼数量严重不足,任何破坏产卵场的捕捞活动或自然因素的影响都会造成产卵亲鱼的大量损亡,给资源增殖带来影响。连续多年的封湖育鱼使资源衰竭趋势得到一定程度的遏制,但鱼群低龄化、小型化情况没有明显改善,产卵群体小型化趋势仍在加剧。这说明在青海湖水体环境继续恶化的条件下,青海湖裸鲤资源仅仅依靠自然增殖已很难恢复,必须采取保护水体环境、人工增殖、封湖禁捕和适当增加入湖淡水等措施,加快青海湖裸鲤资源的恢复和保护。

6.8.2　青海湖裸鲤保护及种群恢复措施

青海湖裸鲤保护及种群恢复措施已列入《青海湖流域生态环境保护与综合治理规划》工程中。本次在规划水平年内不再新增青海湖裸鲤保护及种群恢复措施,主要是进一步落实已有规划中裸鲤资源的管理和保护工作,包括继续对青海湖实行封湖育鱼;严禁在布哈河、泉吉河、吉尔孟河、黑马河、沙柳河、哈尔盖河等河流上再建拦河坝;根据国家级自然保护区管理和保护条例的要求,对严重污染水体的项目一律不安排在青海湖流域内建设;建设和完善青海湖裸鲤人工增殖、放流工程等。

7 青海湖水利工程建设研究

7.1 农牧区人畜饮水安全

7.1.1 现状及存在的主要问题

受自然、经济和社会等条件制约,青海湖流域部分农牧区人畜饮水十分困难,饮水不安全问题严峻,影响了地区社会经济发展、民族团结和新农牧区的建设。长期以来在党和各级政府高度重视下,流域内农牧区人畜饮水工作取得了一定成效。截至 2010 年,流域内共有 1 513 处农村人畜饮水工程,其中引水管道 123 条、土井 1 258 眼、机井 27 眼、集雨水窖 105 座,在一定程度上缓解了农牧区人畜饮水困难问题,但仍有 5.27 万人存在用水方便程度、水源保证率、水量、水质不达标等饮水不安全问题,此外,还有 0.51 万农村学校饮水不安全人口需重复解决。青海湖流域各县农牧区饮水不安全现状调查见表 7.1-1。

表 7.1-1 青海湖流域农牧区饮水不安全现状调查表 （单位:万人）

县区	用水方便程度不达标人口	水源保证率不达标人口	水量不达标人口	水质不达标人口	小计	农村学校饮水不安全人口	合计
天峻县	0.938 7				0.938 7	0.032 0	0.970 7
刚察县	0.856 6	0.087 1	0.330 6	0.434 1	1.708 4	0.119 6	1.828 0
共和县	1.603 6		0.571 4		2.175 0	0.332 8	2.507 8
海晏县	0.159 6	0.098 3	0.041 9	0.148 7	0.448 5	0.023 8	0.472 3
青海湖流域	3.558 5	0.185 4	0.943 9	0.582 8	5.270 6	0.508 2	5.778 8

7.1.1.1 用水方便程度不达标

青海湖流域现状用水方便程度不达标的人口还有 3.56 万人。区域内大部分农牧区处在浅山和脑山地区,居住位置高,取水距离远;牧区大部分村民以直接饮用河道水为主,普遍存在背水、驮水的现象。

7.1.1.2 水量不达标

青海湖流域现状水量不达标人口还有 0.94 万人。造成水量不达标的问题,原因主要是近年来水源干枯,水位下降,来水量减少,造成缺水。

7.1.1.3 水源保证率差

截至 2010 年,青海湖流域水源保证率不达标人口还有 0.19 万人。造成水源保证率不达标的问题,原因主要是近年来水源干枯,供水水源保证率低于 90%。还有部分工程在使用一段时期后出现破损等,水源供水量出现不足,导致供水标准降低。

7.1.1.4 饮水水质超标

截至 2010 年,水质不达标人口还有 0.58 万人。水质不达标的主要原因是牲畜粪便污染,另外有些地区由于没有专门的污水处理设施,生活污水、工业废水等排入河道,河水受污染,成为饮水水质不安全的主要原因之一。

7.1.2　目标和任务

根据国家全面建成小康社会和建设社会主义新农牧区的要求,2020 年以前,解决青海湖流域现状农牧区饮水安全问题,建立起饮水安全保障体系。远期目标是依据国家和地方政策、投资等情况,相机安排人畜饮水维修改造工程,解决因工程损毁、水源条件变化等造成的返困人口饮水安全问题,并保证维持运行管理等方面的资金投入。

青海湖流域农村牧区人畜饮水规划任务:

(1)明确各县农村牧区人畜饮水不安全的类型和人口。调查分析现状情况下,青海湖流域剩余不安全人口数量、类型。

(2)根据不安全类型、人口、水源、经济发展条件、自然条件等合理安排适宜的工程措施,解决人畜饮水不安全问题。

7.1.3　工程规模

2020 年以前,青海湖流域规划解决农牧区饮水不安全人口 5.78 万人,其中集中式供水工程 89 处,受益人口 4.74 万人;分散式供水工程受益人口 1.04 万人。在集中式供水工程中,地表水供水工程 75 处,受益人口 3.76 万人;地下水供水工程 14 处,受益人口 0.98 万人。详见表 7.1-2。

表 7.1-2　2020 水平年青海湖流域农牧区人畜饮水工程安排表　　（单位:万人）

县区	规划总人数	集中式供水工程（按水源分类）			分散式供水工程总受益人口
		总受益人口	地表水	地下水	
天峻县	0.970 7	0.582 0	0.270 8	0.311 2	0.388 7
刚察县	1.828 0	1.261 4	1.261 4		0.566 6
共和县	2.507 8	2.444 5	1.778 9	0.665 6	0.063 3
海晏县	0.472 3	0.448 5	0.448 5		0.023 8
青海湖流域	5.778 8	4.736 4	3.759 6	0.976 8	1.042 4

注:规划总人数中包括农村学校饮水不安全人口 0.51 万人。

7.2　城镇供水安全

7.2.1　现状及存在的主要问题

7.2.1.1　城镇供水现状

青海湖流域内县级以上城镇有两个,即布哈河上唤仓以下区内的天峻县新源镇和沙柳河区内的刚察县沙柳河镇。这两个城镇均有自来水供给,随着城镇人口的增加,加之工程老化失修,管网漏失率较高,实际供水能力下降,保障程度不高。

天峻县新源镇供水工程建于 1982 年,年供水能力 109.5 万 m³(开采浅层地下水)。由于长期运行,输水管网老化,漏水、渗水现象严重,供水管网漏失率 20%。刚察县沙柳河镇供水工程建于 1983 年,年供水能力 27 万 m³(开采浅层地下水)。由于长期运行,供水管网已老化,管网漏失率 20%。

两个县城集中供水水源地水质总体质量较好,地下水水源地均达到了饮用水水质Ⅱ类标准,满足《生活饮用水卫生标准》(GB 5749—2006)的饮用水水质要求。

7.2.1.2　城镇供水存在的主要问题

目前青海湖流域水源地存在的主要问题:一是投入不足,建设滞后。截至 2010 年,青海湖流域县城还有部分居民因为供水设施滞后而用不上自来水。二是漏失率高,浪费严重。由于供水设施老化失修,管理不到位,用水漏失率较高,高达 20%。三是保证率低。设备陈旧,水压不足,较高地势的居民用水不能完全保证。四是城镇供水规划滞后,不能和当地城镇建设发展相适应。

7.2.2　目标和任务

到 2020 年,全面解决县城集中式饮用水水源地安全保障问题。在水源地水质基本达到饮用水水源标准的前提下,重点解决由于干旱以及水源工程建设滞后,水量不足、供水保证率低的问题,使水量和供水保证率得到全面提高,以满足县城全面实现小康社会目标对用水安全的要求。

7.2.3　城镇需水量预测和水源建设工程

7.2.3.1　规划水平年水量安全评价

1. 城镇需水量预测

青海湖流域城镇人口预测参考了各县级政府制定的城镇发展战略和总体规划,结合流域内生态移民、教育移民等规划,充分考虑水资源条件对城镇发展的承载能力,合理确定城镇人口的规模。预测 2020 年流域内城镇供水人口为 2.42 万人,2030 年城镇供水人口为 4.12 万人。

2. 居民综合生活用水定额

为合理利用水资源,加强青海湖流域城镇供水管理,促进城镇居民合理用水,根据青海湖流域内县城总体规划、社会经济发展水平、人均收入水平、当地居民的生活用水习惯、水资源充沛程度以及现状实际用水情况等,参照中华人民共和国建设部《城市居民生活用水量标准》(GB/T 50331—2002)及青海省用水定额,考虑未来城镇居民生活用水水平的提高及节水因素,确定 2020 年居民综合生活用水定额为 120 L/(人·d),2030 年居民综合生活用水定额为 133 L/(人·d)。

3. 城镇综合生活需水量预测

城镇综合生活需水量主要包括居民生活需水量和第三产业需水量两部分。据预测,2020 年城镇综合生活需水量为 104.32 万 m³,2030 年城镇综合生活需水量为 197.42 万 m³。

4.供水缺口

根据预测的综合生活需水量预测成果,2020 年和 2030 年分别需增供水量 49.77 万 m³ 和 142.87 万 m³。详见表 7.2-1。

表 7.2-1　青海湖流域城镇综合生活需水量预测成果

城镇名称	水平年	居民综合生活用水定额(L/(人·d))	供水人口(万人)	现状城镇综合生活供水量(万 m³)	城镇综合生活需水量(万 m³)	需增供水量(万 m³)
天峻县新源镇	基准年	124	0.77	34.95	34.95	—
	2020 年	125	1.01	—	45.91	10.96
	2030 年	139	1.78	—	90.12	55.17
刚察县沙柳河镇	基准年	88	0.61	19.60	19.60	—
	2020 年	113	1.41	—	58.41	38.81
	2030 年	126	2.34	—	107.30	87.70
合计	基准年	108	1.38	54.55	54.55	—
	2020 年	120	2.42	—	104.32	49.77
	2030 年	133	4.12	—	197.42	142.87

7.2.3.2　城镇供水工程建设

(1)刚察县沙柳河镇供水工程。刚察县城现状供水水源为地下水,水源地位于县城西北 3.6 km 处沙柳河边,生产井类型为大口井。水源地水文地质条件较好,水质优良,符合《生活饮用水卫生标准》。随着人口的不断增加及自来水普及率的提高,城镇供水量不足的矛盾显现出来。拟新建引水口 1 座,500 t 蓄水池 2 座,供水干管 20 km,供水支管 43 km,阀门井 50 座。总投资 2 200 万元。

(2)天峻县新源镇供水工程。近年来,天峻县城建设取得了一定的成绩,但城镇供水建设发展缓慢,在一定程度上严重制约了县城的进一步发展。依据《天峻县城市总体规划》,天峻县城新增水源为城区西南方向关角山里的山泉。拟新建天峻县城供水水源地保护工程,包括居民搬迁补偿、土地征用补偿、围栏设施费、大口井洗井费、水源地监测设施等,总投资 560 万元。

7.3　灌溉饲草料基地建设

针对青海湖流域草场灌溉多为渠系灌溉且用水浪费等现状,灌溉饲草料基地建设的重点是做好现有草场灌溉的改建、续建配套、节水改造等,并提高管理水平,充分发挥现有草场灌溉面积的经济效益,在巩固已有灌区的基础上,采用集中和分散相结合的形式,发展节水灌溉饲草料基地。

7.3.1　主要建设模式

(1)家庭草库伦。这种模式以牧户为单元,规模一般在 50～1 000 亩,在建设投资上采取国家给予补助,实行"谁建、谁有、谁管、谁用"的模式。

（2）联合开发的饲草料地。这种模式主要针对规模一般在 1 000~10 000 亩的饲草料地或受益牧户较多的小型饲草料地灌区,适用于有一定水资源开发利用条件、土地平坦、土质较好的地区。推行经营实体与牧民用水合作组织共同管理的体制,按水系、渠系范围或牧民聚居区组建用水户协会,明确水工程的建设主体、投入主体、所有者主体、受益主体地位,自主经营管理。

（3）大中型饲草料基地。这种模式适用于江河两岸、土地集中连片、地表水相对丰富的地区,规模一般在 1 万~20 万亩。按照大中型灌区的管理模式,依托基层水管单位成立经营实体,全面负责骨干工程的运行和维护,田间工程由用水户协会组织管理和维护。

7.3.2 建设规模

根据青海湖流域水土资源条件和现有灌区情况,为进一步提高补饲、设施养畜和抵御灾害等能力,选择合理的建设模式、适宜的建设地点和规模。至 2030 年,青海湖流域新增灌溉饲草料地 23.86 万亩,其中 2020 年前新增灌溉饲草料地 18.56 万亩。大中型饲草料基地主要考虑在刚察县哈尔盖镇新塘曲、青海湖农场灌区和黄玉农场灌区实施;联合开发的饲草料地主要安排在铁卜加草改站、海晏县红河渠、甘子河乡热水滩和甘子河乡中河渠。联合开发的饲草料地安排 5.80 万亩,其中 2020 年前安排 5.30 万亩;大中型饲草料基地安排 18.06 万亩,其中 2020 年前安排 13.26 万亩。各水平年新增灌溉饲草料地及其面积见表 7.3-1。

表 7.3-1 各水平年新增灌溉饲草料地及其面积统计表

工程名称	所属县区	新增灌溉饲草料地面积（万亩）		
		2010~2020 年	2021~2030 年	累计新增
哈尔盖镇新塘曲饲草料地	刚察县	3.40	3.40	6.80
青海湖农场灌区饲草料地	刚察县	7.82	1.40	9.22
黄玉农场灌区饲草料地	刚察县	2.04	—	2.04
铁卜加草改站饲草料地	共和县	0.90	—	0.90
海晏县红河渠灌区饲草料地	海晏县	1.40	0.50	1.90
海晏县甘子河乡热水滩饲草料地	海晏县	1.00	—	1.00
海晏县甘子河乡中河渠尕海饲草料地	海晏县	2.00	—	2.00
青海湖流域		18.56	5.30	23.86

8　青海湖流域水资源监测系统研究

8.1　水资源监测现状及存在问题

历史上,青海湖流域曾设过12处水文站、4处水位站。现有水文站2处,分别是布哈河口水文站和刚察水文站;现有水位站1处,即下社水位站;现有水质监测站6处,分别是布哈河口水文站断面、刚察水文站断面、下社水位站断面、沙陀寺监测断面、哈尔盖河监测断面、泉吉河监测断面;现有群众雨量站4处,分别是湖东、倒淌河、哈尔盖及泉吉雨量站。监测站数量少,监测项目单一,各监测站观测项目主要有水位、流量、泥沙、降水、蒸发、气温等,其观测大都采用常规仪器,数据采集、分析、计算及整理均以人工为主。

青海湖流域的水文站网,几十年来尽管积累了丰富的水文资料,为青海湖流域的生态治理和国民经济的发展做出了一定的贡献,但区内自然条件恶劣,加之长期以来,水文测验经费投入不足,水文水资源测报工作存在许多问题,集中表现在水文站网密度严重偏稀,监测能力低下,监测项目不全,水文测验难度大,生产、生活配套设施差,测验基础设施建设标准低,测验手段落后,报汛手段落后,预测预报没有完全展开等方面。

8.2　青海湖流域水资源监测系统建设必要性

青海湖流域作为青藏高原的重要组成部分,是维系青藏高原北部生态安全的重要水体,该区域属于全球气候变化敏感、生态系统脆弱的地区,近几十年来,随着全球气候变暖和人类活动影响,青海湖流域水资源形势发生了变化,为及时了解和掌握流域水资源和水环境状况,建设较为完善的水资源监测系统已十分紧迫。

(1)水资源管理的需要。

对于水资源统一管理而言,了解和掌握青海湖流域水资源量及其时空分布显得尤为重要。而该地区自然环境恶劣,气候和地理条件艰苦,不宜按常规手段大规模增设站网、增加人员来解决。因此,依靠高科技手段增设监测站,以自动测报、水文巡测为基础,并辅以先进技术进行监测,为科学、合理地规划、管理、调配水资源和流域生态治理等问题提供可靠的技术支撑,是青海湖流域水文水资源水环境监测的必然选择。

(2)完善生态环境建设与保护监测的需要。

近年来,流域受气候暖干化和人类活动的影响,青海湖水资源量急剧减少,几条主要河流时常断流,断流河段长度增加,湖泊萎缩、湖水位持续下降,加之牧区过度放牧等因素影响,草场退化、沙化严重,风灾、旱灾、鼠害、沙尘暴等灾害频繁出现,水环境、生态环境日益恶化。但由于监测手段落后,监测能力薄弱,传统的水文监测技术方法已不适应这样大区域内十分复杂的环境保护与治理工程的要求,所以必须结合青海湖流域科学研究和生态环境建设的需要,加强水文水资源水环境监测,为青海湖流域生态环境建设提供科学依据。

(3)提高监测技术水平的需要。

由于青海湖地区高寒缺氧、经济文化落后、交通不发达等因素影响,目前,流域站点偏少、站网稀疏、观测项目稀少,观测线长、面广,且测验手段落后,技术水平低,技术人员劳动强度大,安全得不到保障,职工工作生活用房破旧,无法满足流域治理开发和经济社会可持续发展的需要。另外,流域监测现状与实现水文现代化的目标相差甚远,无法满足流域治理开发的需要,所以加快流域监测项目的建设是提高水文测报技术水平的迫切需要。

(4)改善基层水文职工工作、生活条件的紧迫任务。

青海湖流域地处青藏高原,属牧区,高寒缺氧,为了获取为国民经济建设和流域生态治理、开发所需要的宝贵水文资料,水文职工常年坚守在那里,生活、工作条件极其艰苦。改造测验设施和基础设施,依靠科技进步,利用先进的水文测报设施、仪器、设备和先进分析技术,减轻水文职工的劳动强度,改善水文职工的生活条件,是流域监测项目建设的当务之急。

8.3 青海湖流域水资源监测系统建设目标和任务

水文水资源监测系统建设遵循技术先进、实用可靠、经济合理的原则。项目建设目标是:充分利用现代科技成果和先进技术,以自动测报和巡测技术为基础,以空间数据采集技术为方向,合理增设水文水资源监测站,实时、准确、全面地掌握青海湖流域水文信息,实现青海湖流域水文信息监测的现代化。为青海湖流域生态治理、水资源的统一管理和调度提供可靠的技术支撑。

水文水资源监测系统建设主要任务是水文信息采集站网建设和信息处理分析系统建设,其中水文信息采集站网建设包括上述水文水资源水环境监测站网、水文巡测基地、水质监测等项目的改建和新建,包括 6 处水文站、2 处水位站、9 处水质监测站、13 处地下水监测站、10 处群众雨量站的雨量、水位等信息采集,通过引进先进的采集仪器设备,实现信息采集的自动化和数字化。

8.4 青海湖流域水资源监测系统建设内容

根据青海湖地区经济发达程度、发展前景以及《青海省水文基础设施建设"十二五"规划》和《青海省水文事业发展规划》,综合确定青海湖流域水文水资源监测站布局如下:

(1)水文站:除现有布哈河口、刚察水文站外,增设哈尔盖水文站(哈尔盖河)、泉吉水文站(泉吉河)、黑马河水文站(黑马河)和日阿果水文站(日阿果河)4 处,观测项目为水位、流量、降水,测验方式为巡测。

(2)湖泊水位站:除现有下社水位站外,增设鸟岛水位站,观测项目为水位、降水,测验方式为巡测。

(3)水质监测站:除现有布哈河口水文站断面、刚察水文站断面、下社水位站断面、沙陀寺监测断面、哈尔盖河监测断面、泉吉河监测断面外,增设黑马河河流、青海湖农场、黑马河湖泊 3 处水质监测站。监测项目为 pH 值、溶解氧、COD、BOD$_5$、氨氮、挥发酚、阴离子表面活性剂、砷、汞、重金属等。测验方式为现场采样,送回青海省水环境监测中心分析处理。

(4)地下水监测井:青海湖流域目前没有地下水监测井,根据《"国家地下水监测工程"项目青海省地下水监测项目可行性研究(上报材料)》确定青海湖盆地平原区共建设国家级监测井 13 眼(潜水监测井),分别是天峻 1$^#$井、天峻县新源镇水源地、吉尔孟乡、石乃亥乡、泉吉乡、刚察县 1$^#$井、青海湖农场 1$^#$井、哈尔盖 1$^#$井、湖东、倒淌河、下社、江西沟乡、黑马河乡。监测项目为水位、水温、水质,测验方式为遥测。

(5)群众雨量监测站:除现有泉吉、湖东、倒淌河、哈尔盖群众雨量监测站外,增设黑马河、快尔玛、青海湖渔场、海心山、天棚、热水 6 处群众雨量站。监测项目为降水、蒸发,测验方式为遥测。

8.4.1　信息采集站网建设

8.4.1.1　水文站网建设

1. 布哈河口水文站改造

新建 25 m×25 m 雨量观测场 1 处、水位自记台 1 座、供排水设施、观测道路等基础设施;配置固态存储雨量计 1 套、气泡式水位计 1 套、走航式 ADCP 1 套、GPS 1 套、双频测深仪 1 套、风向风速仪 1 套、OBS 悬移质测沙仪 1 套、巡测车 1 辆等测验及报汛通信设备等。

2. 刚察水文站改造

新建 12 m×12 m 雨量观测场 1 处、水位自记台 1 座、电动水平循环吊箱缆道 1 处;配置固态存储雨量计 1 套、气泡式水位计 1 套、流量测验控制系统 1 套、电波流速仪 1 套等测验及报汛通信设备等。

3. 哈尔盖、泉吉、黑马河及日阿果巡测水文站建设

新建永久性直立水尺 9 根、水位自记台 1 座、水文测桥 1 座、手动吊箱缆道 1 处等基础设施;配置气泡式水位计 1 套、RTU 1 台等报汛通信设备等。

8.4.1.2　水位站网建设

1. 下社水位站改造

新建 25 m×25 m 雨量观测场 1 处、水位自记台 1 座、生产业务用房 261 m^2、供排水设施 1 套、院落硬化 244 m^{2}等基础设施;配置固态存储雨量计 1 套、气泡式水位计 1 套、自动气象站 1 处等测验及报汛通信设备等。

2. 鸟岛水位站建设

新建永久性直立水尺 6 根、水位自记台 1 座等基础设施;配置气泡式水位计 1 套、RTU 1 台等报汛通信设备等。

8.4.1.3　水质监测站网建设

内容主要包括监测断面标志排桩建设等。

8.4.1.4　地下水监测站网建设

新建监测用房 4 m^2、水准点 1 处,配置自动监测仪 1 套、RTU 1 台等数据传输设备等。

8.4.1.5　群众雨量监测站网建设

新建 4 m×6 m 观测场 1 处,配置固态存储雨量计 1 套、玻璃钢百叶箱 1 套、E_{601} 玻璃钢蒸发器 1 套等测验设施设备。

8.4.2　水文巡测基地建设

为更好地完成各站点的巡测工作,拟按照监测方案和《水文基础设施建设及技术装备标准》(SL 276—2002)中的有关规定对青海湖水文巡测基地进行建设,并根据其巡测生产任务完成巡测设施设备的配置。

新建生产业务用房 727 m^2、院落硬化 361 m^2、供排水设施 1 套等基础设施;配置走航式 ADCP 1 套、电波流速仪 1 套、超声波测深仪 1 套、全站仪 1 套、GPS 1 套、激光粒度仪 1 套、悬移质测沙仪 1 套、绘图仪 1 套、计算机 1 台、巡测车 1 辆等测验设施设备,卫星小站、网络设备等报汛通信设备,以及移动实验室 1 套等水质监测设备等。

8.4.3　信息处理分析系统建设

建设 1 处集信息采集、传输、综合处理和实时分析为一体的评价系统——下社水情分中心信息系统,以 GSM/GPRS 为传输信道。

配置分中心接收系统数据及网络设备,包括避雷器、服务器、交换机、路由器、微机工作站、数据传输信道、激光打印机、系统软件、网络附设、应用软件等。

9 青海湖流域水资源管理建设研究

青海湖水位持续下降态势是青海湖流域生态建设面临的重要问题,除在流域内加强水资源保护,开展湿地保护、退化土地治理、沙漠化土地治理和生态林建设等有利于水生态保护、水源涵养功能的工程外,水资源管理建设是水资源可持续利用和生态建设中不可或缺的关键环节,也是缓解水资源亏损的措施之一。

9.1 管理现状及存在问题

9.1.1 管理现状

鉴于青海湖是世界著名的湿地自然保护区,高原生物的多样性、代表性和特有性是其他湿地所无法比拟的,为应对流域内生态环境恶化的严峻态势,切实保护流域生态环境和自然资源,促进生态与经济和社会的协调发展,青海省制定了《青海湖流域生态环境保护条例》,并于2003年8月1日起施行。《青海湖流域生态环境保护条例》指出,青海湖流域是指青海湖和注入青海湖的布哈河、乌哈阿兰河、沙柳河、哈尔盖河、甘子河、黑马河及其他河流的集水区。《青海湖流域生态环境保护条例》的颁布实施为保护青海湖流域的生态环境提供了法律保障,也为流域水资源开发利用和保护提供了依据。

《青海湖流域生态环境保护条例》对青海湖流域及注入青海湖的河流进行了立法保护,规定流域内的水资源开发利用、城镇和风景区建设、草原基础设施建设以及旅游业等规划应当服从生态环境保护规划;青海湖流域施行用水管理制度;禁止在流域内兴建高耗水建设项目;在青海湖流域河道新建水利工程,不得影响青海湖裸鲤洄游产卵;禁止在湖泊、河道以及其他需要特别保护的区域,排放、倾倒固体废物、油类和含有病原体的污水及残液等有毒有害物质;州、县人民政府应当进行城镇和旅游景点生活污水处理和固体废弃物处置设施建设,加强生活污水和固体废弃物排放管理。规定州、县人民政府根据水土保持规划,划定青海湖流域水土保持重点预防区、监督区和治理区。还规定省人民政府青海湖流域生态环境保护协调机构,负责全流域生态环境保护的综合协调工作,协调机构的日常工作由省人民政府环境保护行政管理部门负责;省和州、县人民政府环境保护、水利、建设、草原、林业、渔业、旅游等部门,依照各自的职责负责青海湖流域生态环境保护工作。

近年来,随着西部大开发战略的实施,青海湖旅游业得以蓬勃发展。但由于青海湖地域涉及海南、海北和海西三个自治州,造成青海湖景区条块分割、多头管理,低水平重复建设突出,影响了青海湖生态环境保护和旅游业的健康发展。为了从根本上改变这种状况,整合环湖旅游资源,提升青海湖在国际国内的形象,青海省委、省政府于2007年成立了青海湖景区保护利用管理局,对青海湖景区进行统一保护、统一规划、统一管理、统一利用。青海湖景区保护利用管理局为省政府直属的厅级事业机构,挂青海湖国家级自然保护区管理局、青海湖国家级风景名胜区管理局牌子。

随着国家依法治国进程的加快,青海湖流域资源开发利用和生态环境保护与建设工作也逐步走上法治化轨道。青海省根据国家法律法规,结合国家级自然保护区建设,制定了相应的地方配套的法规制度,逐步建立健全生态环境保护与建设的长效机制,对当地资源、环境的保护管理发挥了积极作用。

9.1.2 存在问题

目前青海湖流域水资源管理基本以行政区域管理为主,存在的问题主要表现在以下四个方面:

(1)水资源管理现状与生态环境保护和经济社会发展不协调。

目前,随着城乡一体化、产业化进程的加快,青海湖流域工程性缺水问题尤为突出,河道治理、原陈旧水利工程改造、乡镇供水工程、各村社人畜饮水工程等项目的建设十分紧迫,在保证入湖水量的同时能否保障流域经济社会发展的水资源需求成为关键因素,也是经济社会发展的主要问题。但由于大水漫灌、无序利用水资源以及河水漫流等导致的水资源浪费现象突出,同时水资源商品化管理落后,水资源开发过程中节约用水意识不强,水利工程现代化管理进展缓慢,与生态环境保护不协调,并制约了社会经济的发展。

(2)专门的水资源管理部门和技术力量亟待加强。

目前,青海湖流域各县仅有少量专业的水利人才,地方水务部门办公条件差、工资福利待遇偏低,严重影响了水务部门职工队伍稳定;同时,地方水务部门人员编制偏少,给水资源管理加大了难度。

(3)管理机制不健全。

对于涉水事务的管理,未形成不同区域各部门管理相结合的管理机制。目前的行政区域管理注重区域利益,对区域之间、上下游、左右岸的利益关系考虑不够。同时水利、环保、农牧、林业、市政、卫生等部门均不同程度地参与涉水事务的管理,部门之间、地区之间、城乡之间缺乏沟通,造成供水、用水、排水管理不统一,水污染防治、水资源保护、城乡供水等难以协调,甚至出现掠夺性开发、粗放式利用等问题。

(4)政策法规体系不完善。

地方政府根据涉水事务管理需要,出台了一些政策法规,但还很不完善,如地方性政策法规仅适用于行政区域管辖范围,不满足保障水资源可持续利用和经济社会可持续发展情况下流域综合管理的需求;法制宣传教育工作薄弱,有法不依、无序开发现象依然存在;执法体系不健全,执法力量薄弱,影响政策法规的实施效果。

针对青海湖流域水资源管理现状和存在问题,结合青海省"生态立省"的要求,青海湖流域水资源管理必须树立可持续发展的管理思想和观念,必须做到"开发、节约、保护"相协调,"资源、人口、环境"相协调,"社会效益、经济效益、环境效益"相协调,实现"在开发中保护、在保护中开发"。树立可持续发展管理思想,要求在体制、机制、法律等方面都适应管理的需要。要完善以行政单元管理为主的管理体制和机制,由以行政管理为主向行政、法律、经济等手段综合运用转变,由静态的管理向动态、实时管理转变,由经济的、人工的管理向科学的、规范的管理转变等。

9.2　综合管理措施

青海湖流域水资源管理以提高水的利用效率和效益、建立节水型社会为目的,以保护与恢复天然河湖的可持续发展理念为指导,统筹协调水资源需求,解决水资源紧缺与用水浪费问题,保障饮水安全、经济供水安全与生态环境用水要求。按照总量控制、以供定需、统一管理、分级负责的原则,采取行政、经济、科技、法律等多种手段,建立水资源统一管理综合保障体系。

9.2.1　政策法规制度及宣传教育

政策法规制度建设是依法治水、依法管理的重要基础,完善的法律法规制度可以促进地方各级政府有效实施社会管理和充分发挥其公共服务职能,可以有效调整和解决资源开发与环境保护之间的矛盾和问题,依法纠正各种不良社会现象和各类水事违法行为。当前,青海湖流域初步形成的有关法规和规章按照构建人水和谐、人与自然和谐社会的新要求,有待继续完善。因此,为促进行政管理的规范化、科学化和制度化,要进一步重视和加强政策法规制度的建设,为依法行政、依法管理奠定坚实的基础。

为保障青海湖流域水资源可持续发展,要积极贯彻实施《中华人民共和国水法》、《取水许可和水资源费征收管理条例》、《取水许可管理办法》、《取水许可制度实施办法》、《建设项目水资源论证管理办法》、《青海湖流域生态环境保护条例》等法律法规,加快《取水许可和水资源费征收管理条例》实施细则和《青海湖流域生态环境保护条例》配套办法的出台,逐步建立和完善青海湖流域水资源管理的各项工作制度。在河道建设项目管理方面,应严格按照《青海湖流域生态环境保护条例》的有关规定。

完善水资源有偿使用制度,合理确定水价,加强经济手段在青海湖流域水资源配置中的调控作用。研究制定水价标准及调整机制,根据供水、需水、用水的不同,制定水费、水资源费(税)、水权转让费等的标准,分别确定不同行业、不同地域、不同季节、不同水源的水价标准,同时要研究水价的动态调整机制。建立超计划、超定额用水加价收费制度和保护水资源、恢复生态环境的经济补偿机制。

应将法制宣传教育工作列入政府社会管理的重要议事日程,纳入各部门、各单位的目标责任,进行督促、检查和考核。要抓住典型案件以案释法,因地制宜,推动法制宣传教育活动,引导、促进广大干部和农牧民群众学法守法;要组织编写印刷汉、藏两种语言文字的法制宣传教育读本,抓好"世界水日"、"中国水周"、"12·4法制宣传日"的集中宣传,送法上门,广造声势,普及法律知识,倡导生态文明,弘扬环境文化,增强宣传效果;要充分利用报刊、广播、网络、电视等现代新闻传媒,建立法制宣传平台,加大经常性宣传力度,努力形成全社会都来关心水和生态问题的社会氛围,不断提高保护水资源和建设生态文明在经济社会发展中重要性的认识,为维持河流健康生命,构建人与自然和谐的优良社会环境不懈努力,以水资源和生态环境的可持续利用,促进经济社会的可持续发展。

9.2.2　坚持水资源需求管理

在经济结构调整和产业布局中,要充分考虑水资源条件,注重水资源的配置。水资源的开发利用要充分考虑生态环境的需水要求,通过水资源的合理开发利用促进青海湖流域生态环境保护。

实行建设项目水资源论证制度,各区经济发展、产业布局、重大建设项目都要以水资源的安全供给为基本前提和重要目标,任何建设项目在立项前必须经过取水许可和水资源论证。

适当控制发展速度和规模,新建工程要依靠节水来解决水源,严禁建设高耗水项目。青海湖流域水资源合理配置要坚持走节水和提高水资源利用效益的内涵式发展道路,实行用水定额管理,特别要下大力气做好农牧业的节水工作。要制定节水规划,明确节水目标、标准、措施和有关政策,严格执行取水许可制度,新建项目要有相应的节水措施,否则不予立项、审批。加强取水许可监督管理,强化计划用水、节约用水的监督管理和取水许可证年审工作,防止取水许可流于形式,严格新改扩建取水工程的取水许可申请、预申请的审查审批。

建立水资源管理系统等支持服务系统,及时开展有关重大情况和问题的调查、研究,提高水资源管理效能。

9.2.3　建立和完善水功能区管理

水功能区管理工作是对水功能区内的水体进行全方位有效保护的一项基础性工作,是水资源保护工作的重要组成部分。应尽快根据水利部颁布的《水功能区管理办法》要求,建立和完善入湖河流干流河段水功能区管理、入河排污口管理、污染物入河总量控制等方面的规章制度,强化取水、排水许可制度;充分结合水政水资源管理巡查等基础工作,制定水功能区执法巡查制度,为水行政主管部门依法履行水资源保护职责、实施水功能区管理和保护提供法律保障。建立水资源保护的执法体系,以保护区为重点加强对水功能区的巡查和执法检查,定期公布水功能区质量状况。

入河排污口设置单位应在相关的水行政主管部门登记。县级以上地方人民政府应按照水利部颁布的《入河排污口监督管理办法》,对入河排污口情况进行调查,做好入河排污口监督管理和入河排污量的监督监测,对于保护区、保留区内目前已存在的排污口,要求污水达标排放,并严格控制污染物入河总量。对超标排污的入河排污口,及时通报有关地方政府和环境保护主管部门,并协助环保部门进行监督管理。

9.2.4　建立流域生态补偿机制

青海湖流域生态相对脆弱,破坏容易、恢复难,可逆性和抗干扰性极差,要使已经恶化的青海湖流域生态环境得到恢复,并非一朝一夕之功。为保护好流域生态环境,建议国家有关部门加大对流域和区域生态补偿机制研究的力度,积极开展试点工作,建立长效生态补偿机制,实现经济、社会、环境的良性可持续发展。

青海湖流域具有建立生态补偿机制的有利条件,首先,青海湖流域生态环境保护与综合治理规划的实施为建立健全生态补偿机制奠定了基础,生态恶化的趋势得到初步遏制;同时建立了较为完善的规章制度和有效的监督机制,培养锻炼了一支生态保护和建设的管理队伍,为建立生态补偿试验区打下了良好的基础。其次,青海湖流域地广人稀,经济结构较为单一,主要以草原畜牧业为主,先行试点的难度相对较小。在该地区建立生态补偿机制的试验和示范,涉及人口较少,经济总量不大,需要补偿的项目和总量较少,试验的成本和风险较低,恢复后的生态效益较大。建议在加强生态补偿机制理论研究的基础上,在青海湖流域建立国家级生态补偿机制试验区。

9.2.5 能力建设及水行政执法工作

青海湖流域水行政管理相对薄弱的一个重要原因是管理及执法队伍能力建设严重滞后,应从以下几个方面落实:一是各州、县应组建专门的水务部门,实行水务一体化管理,真正意义上形成行业管理;二是坚持以人为本,加快改善办公环境,提高青海藏区水务职工工资待遇,打造敬业奉献的高原水务人队伍;三是强化对管理队伍和人员的培训,不断提高管理队伍及全体人员的综合素质和执法办案水平;四是加强管理队伍和执法装备建设,增强快速反应能力,提高综合管理水平。

按照统一管理与分级管理相结合的原则,应建设不同行政区域联合水行政管理与执法队伍,逐步建立门类齐全、办事高效、运转协调、行为规范的水行政管理体系,提高流域内水行政管理与执法能力。水行政监督执法工作在坚持制度化、经常化的基础上,应从以下三个方面切实抓好落实:一是按照水法律法规规定的法律责任,准确掌握执法尺度,对法律法规明确的和符合《中华人民共和国行政许可法》要求的水行政许可审查项目,流域机构与地方水行政主管部门要密切配合,不越权、不缺位,规范工作制度,做到公正、公开、公平,程序简化和便民高效。同时建立行政许可监管机制,强化监督检查。二是推行水行政执法责任制和评议考核制,进一步规范水行政管理与执法人员的行政行为,有效防止水行政管理与执法活动中腐败现象的发生。三是坚持预防为主、依法管理的原则,通过法制教育,让当地民众了解国家的法律法规、管理制度,从源头上防止违法建设项目的发生。坚持"有法必依、执法必严、违法必究",加大水行政执法与监督检查力度,及时查处各类违规建设项目和水事违法案件,努力实现发现一起,查处一起,结案一起,对违法者给予应有的法制制裁。

9.2.6 建立完善的水利工程管理体制

由于青海湖流域经济发展水平相对落后,水利工程建成以后,地方配套管理养护的资金难以落实,工程不能得到正常的维护,加上青藏高原地区恶劣的自然地理条件,水利工程损毁、老化等现象非常严重,工程效益难以充分发挥。建议国家从支援藏区发展、维护藏区稳定的大局出发,更多关注该地区水利工程的社会效益、生态效益和政治效益,加大青海湖流域水利工程管理和养护资金投入。

同时,应加强青海湖流域水利管理制度建设,完善水利建设管理法规和标准体系;依法行政,强化政府监督管理;创新质量、安全监管机制,健全质量安全保证体系;完善项目管理制度,规范工程建设行为;加强市场监管,规范市场秩序;转变政府职能,加强行业自律;推动市场主体脱钩改制,解决建设"同体"问题。通过深化改革,全面加强水利建设行业管理和水利工程建设管理,建立规范有序的水利建筑市场秩序,确保工程质量、工程安全和投资效益。逐步形成体制健全、机制合理、法制完备、标准完善的现代水利工程管理制度。

9.2.7 逐步建立对口援助机制

逐步建立水利部流域机构和水利部部分直属单位对青海湖流域水利系统单位的对口援助机制。在水利部的统一协调下,在人才技术援助、办公自动化和水利设施建设方面确定一批对口援助项目,以加快青海湖流域水利系统自身建设,改善青海湖流域各州县水务部门干部职工的工作和生活条件。

10 青海湖流域水资源利用与保护的环境影响评价研究

10.1 评价依据

10.1.1 法律法规

(1)《中华人民共和国环境保护法》(1989 年 12 月 26 日);

(2)《中华人民共和国环境影响评价法》(2003 年 9 月 1 日);

(3)《中华人民共和国水法》(2002 年 10 月 1 日);

(4)《中华人民共和国水土保持法》(2011 年 3 月 1 日);

(5)《中华人民共和国土地管理法》(2004 年 8 月 28 日);

(6)《中华人民共和国野生动物保护法》(2004 年 8 月 28 日);

(7)《建设项目环境保护管理条例》(1998 年 11 月 29 日);

(8)《中华人民共和国自然保护区条例》(1994 年 10 月 9 日);

(9)《规划环境影响评价条例》(2009 年 10 月 1 日)。

10.1.2 规范

(1)《江河流域规划环境影响评价规范》(SL 45—2006);

(2)《规划环境影响评价技术导则(试行)》(HJ/T 130—2003)。

10.2 评价范围和环境保护目标

10.2.1 评价范围

评价范围为青海湖流域。

10.2.2 环境保护目标

10.2.2.1 主要研究内容分析与环境影响识别

本次研究的主要内容包括水资源配置、生态保护、水资源保护、水利工程建设等。本研究一系列的方案或工程措施都将对区域环境产生影响,根据研究内容分析和区域环境特点,辨识对环境要素产生的有利影响和不利影响,详见表 10.2-1。

表 10.2-1　与决策议题直接有关的主要环境问题

开发治理活动	主要措施	可能的有利影响	可能的不利影响
水资源配置方案	总量控制,合理配置河道内外水量	1. 缓解水资源供需矛盾,提高区域生活、生产用水满足程度; 2. 促进节水型社会建设; 3. 青海湖入湖水量得到有效保障,缓解青海湖水位下降趋势,区域生态环境得到有效改善	
生态保护	湿地保护 草地保护 沙漠化土地治理 生态林建设 谷坊和沟头防护工程 青海湖裸鲤保护及种群恢复	1. 减缓土地沙漠化的扩张; 2. 提高植被覆盖率,维护和改善区域生态功能; 3. 水源涵养能力提高,径流调节能力增强; 4. 减轻水土流失,改善水土流失区人民生活、生产条件; 5. 青海湖裸鲤得到有效保护,利于种质资源保护	水资源消耗增加
水资源保护	污染处理与防治	1. 改善河流水环境,促进水功能区水质达标; 2. 有利于改善河流生态系统	
水利工程	城乡饮水工程	有利于保障城乡饮用水供水安全,促进藏区和谐稳定	
	饲草料地	可增加饲草料基地灌溉面积,可提高牧区畜牧业抗御自然灾害的能力,保护草原生态	

10.2.2.2　环境保护目标

　　针对本次研究所产生的主要效应及存在的主要环境问题,根据国家环境保护法规,拟定环境保护目标和环境敏感目标。详见表 10.2-2 和表 10.2-3。区域敏感生态环境保护目标分布图详见附图 10 和附图 11。

表 10.2-2　环境与生态功能目标

环境主题	环境与生态功能目标
水文水资源	保障青海湖入湖水量,缓解青海湖水位下降趋势
水环境	维持现有良好水质,维持和保护青海湖水功能
生态环境	保护环境敏感对象 防治流域水土流失
社会环境	促进流域经济、社会可持续发展

表 10.2-3 环境敏感目标

环境主题	环境敏感目标
生态敏感区	维护青海湖裸鲤水产种质资源保护区功能
特殊保护区	维护青海湖国家级自然保护区生态功能

10.3 环境现状

10.3.1 环境概况

10.3.1.1 地质构造

青海湖属构造断陷湖,湖盆边缘多以断裂与周围山脉相接。距今 200 万～20 万年前成湖,初期原是一个大淡水湖泊,与黄河水系相通,为外流湖。至 13 万年前,由于新构造运动,周围山地强烈隆起,从上新世末,湖东部的日月山、野牛山迅速上升隆起,使原来注入黄河的倒淌河被堵塞,改由东向西流入青海湖。由于外泄通道堵塞,青海湖遂演变成闭塞湖,并由淡水湖逐渐变成咸水湖。

10.3.1.2 水文气象

青海湖流域多年平均年降水量为 354.5 mm,东部和南部稍高于北部和西部,多年平均年水面蒸发量达 996 mm。湖区降水量季节变化大,降水多集中在 6～9 月,约占全年降水量的 75% 以上,最小月多发生在 12 月至翌年 2 月。年际变化不大,C_v 介于 0.19～0.24 之间,年最大与最小降水量之比为 2.5 左右。

青海湖的水温随季节而变化。夏季湖水温度有明显的分层现象,8 月上层温度最高达 22.3 ℃,平均为 16 ℃,水的下层温度较低,平均水温为 9.5 ℃,最低为 6 ℃;秋季因湖区多风而发生湖水搅动,使水温分层现象基本消失;冬季湖面结冰,湖水温度出现逆温层现象,1 月,冰下湖水上层温度 -0.9 ℃,底层水温 3.3 ℃;春季解冻后,湖水表层温度又开始上升,逐渐又恢复到夏季的水温。

10.3.1.3 土壤植被

青海湖流域土地资源丰富,土壤类型包括高山寒漠土、高山草甸土、高山草原土、山地草甸土、黑钙土、栗钙土、草甸土、沼泽土、风沙土和盐土。

本区垂直自然带分布明显,从湖滨平原到高山冰雪区,植被垂直带依次是草原带－高寒灌丛和高寒草甸带－高寒石流坡植被带以及高山裸岩和冰雪带。植被类型有乔木、灌木、草甸、草原、沙生、沼泽及水生植被、垫状植被和稀疏植被等 9 个植被型。

10.3.1.4 动物资源

青海湖流域地域辽阔,自然条件独特,野生动物资源丰富。据调查,流域内共有鸟类 164 种,在流域内栖息的各种鸟类达 10 万只以上。鸟类资源以水禽为主,种群数量较大的鸟类有斑头雁、棕头鸥、渔鸥、鸬鹚等。鱼类资源主要是青海湖裸鲤,是较为珍贵的高原鱼种,具有重要保护价值。此外,国家一级保护濒危动物普氏原羚目前在全国范围内仅分布于青海湖环湖部分区域。

10.3.1.5　主要植物群落

青海湖水体内浮游植物优势种为圆盘硅藻。其他水生高等植物极度贫乏,偶见有少量的蓖齿眼子菜和一些大型轮藻等沉水植物。与湖水岸毗邻的沼泽草甸地带植物生长茂密,主要以矮嵩草、小嵩草、珠芽蓼、针茅、高山唐松草等为优势种。沿河有一些低矮柳灌,附近的沟谷内有高山柳、金露梅、鬼箭锦鸡儿等。

10.3.1.6　土地利用

2010 年青海湖流域草地面积 15 334 km^2,饲养牲畜量为 464 万羊单位,而流域现有草场的理论载畜量约为 224 万羊单位,流域内草场严重超载。2010 年流域内耕地面积 24 万亩,种植的农作物种类有油菜、青稞等。

10.3.1.7　社会经济概况

青海湖流域在行政区划上涉及三州四县,截至 2010 年底,该区总人口为 11.11 万人,其中城镇人口为 3.39 万人,城镇化率为 30.5%。全流域人口密度为 3.7 人/km^2,低于青海省 7.8 人/km^2 的平均水平。青海湖流域是一个以畜牧业生产为主,兼有少量种植业的地区,农牧业人口比例高,有 7.72 万人。2010 年流域国内生产总值为 11.36 亿元,人均 GDP 为 10 223 元,其中第一产业增加值 4.52 亿元,第二产业增加值 1.45 亿元,第三产业增加值 5.38 亿元。

10.3.2　自然保护区概况

青海湖自然保护区始建于 1975 年,1976 年建立管理站,1984 年晋升为管理处,1992 年被列入《关于特别是作为水禽栖息地的国际重要湿地公约(拉姆萨公约)》国际重要湿地名录。1997 年 12 月经国务院批准,晋升为国家级自然保护区。

青海湖国家级自然保护区位于青藏高原东北部,位于海北州海晏、刚察县和海南州共和县境内,介于北纬 36°28′~37°15′、东经 97°53′~101°13′之间。范围包括青海湖整个水域及鸟类栖息的岛屿和湖岸湿地,东西长 104 km,南北宽 60 km,总面积 495 200 hm^2。保护区以青海湖水体为主,由五个小岛和大小泉湾及环湖沼泽湿地构成其核心保护区域。详见表 10.3-1 和附图 11。

表 10.3-1　青海湖国家级自然保护区核心区分布表

核心区名称	位置	面积(hm^2)	保护对象
鸟岛核心区	鸟岛	1 824	在鸟岛上栖息繁衍的鸟类及其栖息地
鸬鹚岛核心区	鸬鹚岛	5 696	鸬鹚及其栖息地、普氏原羚及其栖息地
湿地核心区	泉湾、布哈河口一带	5 070	湿地及在此活动的黑颈鹤、大天鹅等鸟类
三块石核心区	三块石	6 863	在此栖息繁衍的鸟类
海心山核心区	海心山	1 159	在此栖息繁衍的鸟类
沙地核心区	沙岛、尕海一带	70 640	普氏原羚及其栖息地
总计		91 252	

保护区是以保护青海湖生物及其生境共同形成的湿地和水域生态系统为宗旨,集生态保护、科研、宣传、教育、培训、生态旅游和可持续利用为一体的自然保护区。保护区内主要保护对象:①青海湖湖体及其环湖湿地等脆弱的高原湖泊湿地生态系统;②在青海湖栖息、繁衍的野生动物,尤其重要的是珍稀濒危动物普氏原羚、国家一级保护动物黑颈鹤、国家二级保护动物大天鹅等。

10.3.3　青海湖裸鲤国家级水产种质资源保护区概况

中国的水产种质资源保护区,是指为保护和合理利用水产种质资源及其生存环境,在保护对象的产卵场、索饵场、越冬场、洄游通道等主要生长繁育区域依法划出一定面积的水域滩涂和必要的土地,予以特殊保护和管理的区域。水产种质资源保护区分为国家级和省级,其中国家级水产种质资源保护区是指在国内、国际有重大影响,具有重要经济价值、遗传育种价值或特殊生态保护和科研价值,保护对象为重要的、洄游性的共用水产种质资源,或保护对象分布区域跨省(自治区、直辖市)际行政区划或海域管辖权限的,经国务院或农业部批准并公布的水产种质资源保护区。

2007 年 12 月 12 日,中华人民共和国农业部公告第 947 号将青海湖裸鲤国家级水产种质资源保护区列入了第一批国家级水产种质资源保护区,该保护区主要位于青海湖,主要保护对象为青海湖裸鲤。青海湖裸鲤国家级水产种质资源保护区分布图详见附图 10。

10.3.4　生态功能分区

根据《青海省生态功能区划报告》,青海湖流域属于四个生态功能亚区,分别为大通山生物多样性保护与水源涵养生态功能区、布哈河上游生物多样性保护与水源涵养生态功能区、青海湖湖滨生物多样性保护与沙漠化控制生态功能区、青海南山生物多样性保护与水源涵养生态功能区。

10.3.4.1　大通山生物多样性保护与水源涵养生态功能区

该区位于青海湖北岸刚察以北的大通山山区,地处北纬 37°21′ ~ 38°21′、东经 98°47′ ~ 100°78′ 之间,行政隶属天峻县、刚察县和海晏县。本区主体地貌为冲洪积平原,次为中高山,海拔 3 467 ~ 4 696 m。本区为哈尔盖河、沙柳河、泉吉河、峻河及希格尔曲等河流的源头区,区内河流纵横交错,水质良好,河水以降水和冰雪融水补给为主,地下水矿化度小于 0.5 g/L。土地利用类型主要为牧草地,土壤有碳酸盐高山草甸土、高山草甸土、泥炭沼泽土和草甸沼泽土。其上发育的植被有匍匐水柏枝与嵩草草甸复合体、矮嵩草草甸和高山嵩草草甸等。本区野生动植物资源较为丰富,分布有国家二级保护动物麝、岩羊、猞猁等及省级重点保护动物灰雁、斑头雁、赤麻鸭、环颈雉等。目前,该生态功能区草地呈现不同程度的退化。

生态系统主要服务功能是水源涵养、沙漠化控制及土壤保持等。

生态环境保护目标和主要保护措施是加强草原建设及畜牧业后续产业的发展,保持合理的草地载畜量,实现草地资源的永续利用;落实环境保护各项法规和政策,严格控制生产建设活动中破坏和影响生态环境的行为。

10.3.4.2　布哈河上游生物多样性保护与水源涵养生态功能区

本区位于布哈河上游,地处北纬 $37°21′ \sim 38°26′$、东经 $97°74′ \sim 99°34′$ 之间,行政隶属天峻县。本区主体地貌为河谷平原,次地貌为小起伏高山,地势高,海拔 $3\ 200 \sim 4\ 500\ m$,地势由西北向东南缓缓倾斜。河谷时宽时窄,在有支流汇入处,河谷展宽成小盆地,流经峡谷区时河谷变窄,形成峡谷与小盆地相间的地貌形态。区内的布哈河是青海湖水系最大的河流,亦是青海湖裸鲤洄游产卵的主要河流,水系密集,呈树枝状,河谷开阔,河水夏季以降水补给为主,冬春季节以地下水补给为主。地下水矿化度小于 $0.3\ g/L$。区内土壤主要有高山草甸土、碳酸盐高山草甸土和草甸沼泽土。植被主要有高山嵩草草甸、匍匐水柏枝与嵩草草甸复合体、水母、雪莲、甘肃雪灵芝、唐古特红景天及金露梅灌丛。本区野生动植物资源丰富,分布有国家一、二级保护动物白唇鹿、藏野驴、野牦牛、鹅喉羚、马鹿、藏原羚、藏雪鸡,有省级重点保护动物赤狐、艾虎等。目前,该生态功能区出现了植被退化、生物多样性减少的生态环境问题。

生态系统主要服务功能是生物多样性保护、水源涵养、沙漠化控制及土壤保持等。

生态环境保护目标和主要保护措施是实行以草定畜、限牧育草的政策,同时加强草原建设和畜牧业后续产业的发展,以保持合理的草地载畜量,实现草地资源的永续利用;扶持和培育旅游业、有机畜牧业等高附加值的生态型替代产业的发展,实现地区经济结构向生态型、多元化转变;落实环境保护各项法规和政策,严格控制生产建设活动中破坏和影响生态环境的行为。

10.3.4.3　青海湖湖滨生物多样性保护与沙漠化控制生态功能区

本区位于青海湖湖滨,地处北纬 $36°44′ \sim 37°25′$、东经 $98°78′ \sim 101°08′$ 之间,行政隶属刚察县、共和县和海晏县的部分地区,包括沙柳河镇、吉尔孟乡、伊克乌兰乡、三角城种羊场、哈尔盖乡、甘子河乡、扎勒蒙古族乡和青海湖乡及石乃亥、黑马河、江西沟和倒淌河镇等。本区主体地貌为湖滨平原,海拔 $3\ 200 \sim 3\ 400\ m$,地形平坦开阔,冲积平原多集中于哈尔盖河、沙柳河等地带,风蚀地貌主要是新月形、金字塔形沙丘和沙垄。区内的青海湖是我国最大的咸水湖,较大的入湖河流有布哈河、沙柳河、哈尔盖河和泉吉河等,均分布于湖北,河水以降水和冰雪融水补给为主,其入湖水量约占全流域河流入湖总水量的 80%;湖南主要为一些短小河流,水量贫乏,多为时令河。区内土壤为栗钙土带,土层较厚,另有少量沼泽草甸土和流动风沙土分布。湖北岸植被类型主要为干草原类,有紫花针茅高山苔草草原、芨芨草草原等,间有叉枝圆柏灌丛、沼泽草甸及固沙的圆头沙沙蒿;湖南岸植被类型主要为温性草原类,有高山嵩草紫花针茅草原化草甸、矮嵩草草甸、短花针茅草原、芨芨草草原及赖草燕麦草地等。本区处于青海湖湖滨,以渔业、畜牧业及油菜籽的开发为主,不仅盛产裸鲤,且分布有国家一、二级保护动物普氏原羚、白唇鹿、中华秋沙鸭、黑颈鹤、岩羊、大天鹅、藏马鸡、蓝马鸡、灰鹤等及省级重点保护动物鸬鹚、灰雁、斑头雁、赤麻鸭、斑嘴鸭、棕头鸥、鱼鸥等。目前,区内主要生态环境问题是青海湖水位下降,使湖水矿化度增高,土地沙化日趋严重,草地退化明显,野生动物栖息地遭胁迫。

生态系统主要服务功能是生物多样性保护、水源涵养、沙漠化控制和土壤保持等。

生态环境保护目标和主要保护措施是全面推行退耕还草,禁止农垦开荒;实行以草定畜、限牧育草的政策,同时加强草原建设和畜牧业后续产业的发展,以保持合理的草地载畜量,实现草地资源的永续利用;积极扶持、培育以生态旅游为主的旅游业和有机畜牧业等高附加值的生态型替代产业的发展,使以草地畜牧业为主的经济结构向生态型、多元化转变,实现地区社会经济的可持续发展;明确青海湖国家级自然保护区与环湖各地方政府、企事业单位在生态保护方面的地权、事权划分,明确各方的责、权、利,依法开展生态保护;禁止污染型产业进入,严格控制生产建设活动中破坏和影响生态环境的行为。

10.3.4.4 青海南山生物多样性保护与水源涵养生态功能区

本区位于青海湖南岸,地处北纬36°40′~37°16′、东经99°20′~100°78′之间,东西长300 km,南北宽20~40 km,山峰海拔4 000~4 500 m。行政隶属共和县。本区主体地貌为中高山,海拔3 300~4 500 m,地势西北高、东南低。区内河流短小。区内土壤主要有高山草甸土、淋溶黑钙土、高山草甸草原土、山地草原化草甸土等。植被类型主要有矮嵩草草甸、毛枝山居柳灌丛、高山嵩草草甸等。本区分布有国家二级保护动物猞猁、麝、岩羊、马鹿等。目前,该区存在林草植被呈现不同程度退化、水源涵养能力降低、生物多样性减少等生态环境问题。

生态系统主要服务功能是生物多样性保护、水源涵养、沙漠化控制和土壤保持等。

生态环境保护目标和主要保护措施是加强草原建设和畜牧业后续产业的发展,保持合理的草地载畜量,实现草地资源的永续利用;落实环境保护各项法规和政策,严格控制生产建设活动中破坏和影响生态环境的行为。

10.3.5 主要环境问题

青海湖流域地处青藏高原东北部,具有高原大陆性气候特征,气候以干燥寒冷多风为主,以草原生态系统和高原湖泊生态系统为主,生态系统脆弱,易遭破坏,且一旦破坏,恢复非常困难。

流域内的青海湖是我国最大的内陆咸水湖,独特的地理位置和环境特点使其具有重要的生态地位。青海湖是维系青藏高原东北部生态安全的重要水体,是控制西部荒漠化向东部蔓延的天然屏障,对青海省东部地区和我国黄土高原的生态环境与经济社会可持续发展产生重要影响;青海湖是世界著名的湿地保护区和自然保护区,是世界生物多样性保护的重要场所,是亚洲水禽迁徙、繁衍种群的重要栖息地和中转站,也是青海省旅游重点发展区;青海湖是高原特色渔业资源(青海湖裸鲤)的重要栖息繁衍水域;青海湖是高原高寒干旱地区重要的水汽源,是青海湖周边及更广大地区的气候调节器;青海湖流域丰富的草地资源是发展畜牧业和以藏族为主的少数民族赖以生存的物质基础。因此,流域及其周边地区的生态环境质量直接影响着该区域经济社会的可持续发展,对加强民族团结,保持社会稳定都具有十分重要的意义。

据有关研究,自地质年代全新世以来,由于青海湖湖盆周围新构造隆起的继续发展和气候趋于干燥,青海湖呈现湖面缩小,水位下降,水质咸化,水生生物单一化的趋势。近年来,超载过牧等不合理人类活动造成草原植被退化,水源涵养功能下降,再加上人类生活和生产用水的增加又消耗一部分入湖水量,使得青海湖湖面萎缩等趋势加剧。随着入湖水量补给减少,水位下降和湖面萎缩,青海湖流域生态环境日趋恶化,部分水域已变成沙滩、沼泽或草地,闻名于世的鸟岛已变成了半岛;水生生物和鱼类栖息环境进一步恶化;环湖草地退化加剧,风助沙势,沙化土地面积不断增加,湖区周边植被呈由草原植被类型向荒漠化植被类型演变的趋势。

鉴于青海湖生态环境的脆弱性,生态地位的重要性,自然萎缩的缓慢性和不可抗拒性,需要对人类活动加以约束,以减缓青海湖萎缩的过程。

10.4 规划协调性分析

10.4.1 与《青海湖流域生态环境保护与综合治理规划》的协调性分析

2007年国务院批准了《青海湖流域生态环境保护与综合治理规划》,规划提出以生态环境和生物多样性保护为根本,以青海湖湖水下降、土地退化、生物多样性受到严重威胁为重点,采用保护为主,恢复、治理、建设相结合的多种措施,使青海湖流域的草地(湿地)生态系统、森林生态系统和鱼鸟共生的水生态系统良性循环。

本次开展的青海湖流域水资源利用与保护研究,其主要依据是2008年《国务院关于支持青海省藏区经济社会发展的若干意见》,目的是为保持青海湖流域经济社会可持续发展和青海湖自身生态系统的良性维持提供基础支撑。并考虑到《青海湖流域生态环境保护与综合治理规划》已开始实施,本次研究主要是在此基础上提出有关水资源安全保障方面的措施。

从以上分析可以看出,本次研究的目标与《青海湖流域生态环境保护与综合治理规划》目标协调一致。

10.4.2 工程规划与自然保护区的协调性分析

本次研究通过节水措施、产业结构调整,优化水资源配置,保障青海湖湿地的生态水量,在保护青海湖湿地生态系统和保护区内动植物资源,保护生态系统的平衡,防止土地荒漠化等方面起到了积极作用,与自然保护区保护目标协调一致。

本次研究通过水资源保护、水生态保护和水源涵养工程措施,遏制青海湖流域的水体污染,在改善青海湖水体环境质量,保护生物多样性方面起到了有利影响,与自然保护区保护目标协调一致。

同时,本次研究开展的民生水利等工程措施,均位于自然保护区的外围,对自然保护区没有影响。

10.4.3 与青海湖裸鲤国家级水产种质资源保护区的协调性分析

本次研究通过优化水资源配置、水资源保护和水生态保护等措施,保障了关键期河流水量及过程,有利于水生饵料生物和青海湖裸鲤的生长发育。

青海湖裸鲤国家级水产种质资源保护区的主要保护对象为裸鲤。

本次研究的实施有利于青海湖裸鲤的保护,与青海湖裸鲤国家级水产种质资源保护区保护目标协调一致。

10.4.4   与生态功能区划的协调性分析

青海湖流域分属于 4 个生态功能亚区,生态系统服务功能主要为生物多样性保护、水源涵养、沙漠化控制及土壤保持等。

本次研究通过优化水资源配置,保障了关键期河流水量及过程;通过水资源保护,治理水体污染;通过水生态保护,保护生物多样性。其规划目标与生态功能区的生态系统服务功能协调一致。

民生水利工程规划方案实施过程中,施工人员或机械产生的废水、废气等可以通过采取措施加以控制或消除,不会对生态功能区产生不利影响。

总体上而言,本研究符合生态功能区划。

10.5   环境影响预测评价

研究通过优化水资源配置、水资源保护、水生态保护等多项措施,可使青海湖湿地所需水量和过程得到有效保障,可有效改善水生态,水生生物和鱼类栖息环境将得到有效保护与恢复,在保护青海湖湿地生态系统和保护区内动植物资源,保护生态系统的平衡和和谐,防止土地荒漠化等方面起到积极作用。

10.5.1   水环境

青海湖流域地表水现状水质较好,参与评价的河流水质基本都在Ⅲ类标准或优于Ⅲ类,水体水质基本保持天然水质状况。本次研究通过水资源保护的工程措施和非工程措施,加大水资源保护力度,治理城镇污水,有效控制点源和面源污染,限制入湖排污量,并加强了水质监测与监督等工作,有利于青海湖流域水质保护,可为动植物提供良好生境。

10.5.2   生态环境

10.5.2.1   自然保护区

青海湖国家级自然保护区范围包括青海湖整个水域及鸟类栖息的岛屿和湖岸湿地,保护区以青海湖水体为主,主要保护对象为青海湖湖体及其环湖湿地等脆弱的高原湖泊湿地生态系统;在青海湖栖息、繁衍的野生动物,尤其重要的是珍稀濒危动物普氏原羚、国家一级保护动物黑颈鹤、国家二级保护动物大天鹅等。

本次研究通过优化水资源配置、水资源保护、生态保护等措施,保障了关键期河流水量及过程,有效改善水生态,在保护青海湖高原湖泊湿地生态系统和保护区内珍稀的动植物资源,保护生态系统平衡等方面起到了积极作用,有利于对自然保护区的保护。

同时,本次研究开展的民生水利等工程措施,均位于自然保护区的外围,对自然保护区没有影响。

10.5.2.2   青海湖裸鲤国家级水产种质资源保护区

青海湖裸鲤是青海湖唯一的经济鱼种。青海湖裸鲤能在湖中觅食、生长、发育,但不能进行繁殖,性成熟亲鱼不能在湖中进行产卵繁殖,必须溯河洄游,到河道的淡水中繁殖。

近年来,青海湖水位的下降使湖水矿化度升高,裸鲤的生长发育受到影响;加上水体环境及产卵场环境的继续恶化,加剧了裸鲤资源衰退的过程,使裸鲤资源面临灭绝的危险。为保护青海湖裸鲤种质资源,国家农业部第 947 号将青海湖裸鲤国家级水产种质资源保护区列入了第一批国家级水产种质资源保护区。

本次研究通过优化水资源配置,加强青海湖环湖地区地表水资源的管理,保证入湖河流的生态水量,缓解湖水继续盐碱化的趋势。同时,通过治理污染等手段,为青海湖裸鲤创造良好的生境条件,有利于青海湖裸鲤国家级水产种质资源保护区的保护。

10.5.2.3　生态功能区

青海湖流域包含 4 个生态功能亚区,分别是大通山生物多样性保护与水源涵养生态功能区、布哈河上游生物多样性保护与水源涵养生态功能区、青海湖湖滨生物多样性保护与沙漠化控制生态功能区、青海南山生物多样性保护与水源涵养生态功能区。其生态系统服务功能主要为生物多样性保护、水源涵养、沙漠化控制及土壤保持等。

本次研究中水资源保护、水生态保护与生态功能区的服务功能一致,有利于生态功能区的治理和保护。而民生水利工程可能在施工期对生态功能区的保护产生短暂的负面影响,这种短暂的负面影响可以通过采取措施加以控制或消除,不会对生态功能区产生明显的不利影响。

10.5.2.4　陆生生态

1. 总体方案对陆生生态的影响

本次研究通过水资源合理配置、水资源保护和水生态保护工程等措施,为青海湖水域保护提供了良好条件,青海湖水位下降趋势得到缓解,湿地萎缩态势将有所减缓,对局部小气候产生有利影响,对陆生植被生长有利。同时,将为湿地周边动物带来安定的生活环境,对生物多样性保护带来有利影响。

实施的草地保护、沙漠化治理、生态林建设等工程措施,将恢复植被,改善下垫面条件,提高水源涵养能力,利于陆生生态保护。

2. 水利工程对陆生生态的影响

1)陆生植物

本次研究的水利工程实施时,可能会对陆生植物产生不利影响。施工期间,施工主体工程、生产生活设施、弃渣场、场内道路、生活区等占地可能会破坏部分草地、林地和农田等。

施工占地包括临时占地和永久占地。其中生产生活设施、弃渣场、场内道路、生活区等均为临时占地,临时占地在工程结束后,将采取各种恢复措施,恢复土地的原有类型,对占地范围内的自然植物、农作物的影响是暂时性的,不会对整个区域的生态完整性造成大的影响。施工永久占地主要为主体工程,本次研究的主体工程不同于其他项目的永久占地(如水库工程,淹没范围内陆生生态生物量全部损失),主要为分散的小型土石方工程(渠道、井等),对区域生态完整性影响很小,不会对其造成破坏。

2)陆生动物

本次研究的水利工程建设将使部分陆生动物的活动区域、觅食范围受到一定限制,但由于动物具有迁徙性,会在工程施工时离开施工区域,工程结束后返回原栖息地或逐渐适应新的环境,并在新的环境中繁衍生息,因此工程不会对陆生动物的生存环境造成明显的不利影响,也不会引起区域动物物种和数量的减少。

10.5.2.5 水土流失

水土流失主要发生在工程施工期,影响水土流失的主要因素为土料场开挖、弃渣场、场地平整、道路修建以及移民安置等,上述施工活动将大面积扰动施工区植被、破坏原有地貌,可能会加剧水土流失。但这些影响都是短期、局部和微小的,通过采取措施可以减缓和消除。

10.5.3 社会环境

10.5.3.1 保障饮用水安全,构建和谐社会

本研究通过实施农牧区人畜饮水安全工程,解决了农牧民用水方便程度不达标、水源保证率差、水量不够、水质超标等多种饮水安全问题,有利于改善藏区农牧民的生存条件、提高健康水平和生活质量。

本研究建立城镇饮用水水源地安全保障体系,实施水源地隔离保护工程和生态保护工程,对现状供水不足、供水设施老化水源地,进行水源改扩建或新建,保障城镇饮用水安全,有利于改善城镇居民生活水平,促进经济社会可持续发展。

本次研究实施的饮用水安全工程,是利国利民的重大举措,是民生工程,有利于改善群众生存和生活条件,对于维持社会稳定,构建和谐社会意义重大。

10.5.3.2 旅游

本研究的实施,将使湖滨区生态环境逐步改善,水体水质逐步好转,青海湖水体及湖滨区的风景观赏性将进一步得到升华,必将促进青海湖旅游事业的蓬勃发展,增加当地居民的收入。

10.5.4 趋势性影响分析

方案实施后,从多方面减少了人为因素对青海湖流域生态环境的逆向干扰,使河湖水生态系统得到有效保护,为保障流域及相关地区生态安全创造了条件。主要为:被挤占的生态环境用水量得到退还,青海湖主要断面的下泄水量和流量过程得到满足,青海湖裸鲤将得到有效保护;城镇污水得到有效治理,入湖污染物得到有效控制,流域水资源得到有效保护;草原载畜量减少,超载过牧现象得到有效遏制,草原生态得到有效保护;流域下垫面条件得到有效改善,水源涵养能力和维护生物多样性等生态功能得到有效提高。

10.5.5 方案环境合理性分析

10.5.5.1 水资源配置的环境合理性分析

本次水资源配置结合青海湖流域各分区水资源特点,按照规划水平年河道外总用水量维持现状用水量进行控制,优先保证生活用水和入湖河流主要断面下泄水量,统筹安排工业、农业和其他行业用水,同时通过提高流域内地表供水工程能力和适当增加地下水开采量,保障经济社会可持续发展和生态环境保护对水资源的合理需求,利于经济社会发展和生态环境保护。

　　规划水平年青海湖流域多年平均配置水量中考虑了地表水、地下水和中水等水源。其中地表水供水量基本维持在 1 亿 m³ 左右,主要用于灌溉、一般工业和农牧区人畜饮水等;地下水供水量略有增加,主要用于城镇生活和农牧区人畜饮水等方面;中水利用量略有增加,主要作为城镇生态等方面的用水。地表水利用时,考虑了河道内生态需水,严格控制了入湖河流主要断面的下泄生态水量;地下水利用时,不超过地下水可开采量,避免产生植被退化;中水利用有利于减少新鲜水利用,从环境保护角度而言,规划水平年供水配置是合理的。

　　规划水平年青海湖流域将大力推行节水工程建设,农业灌溉水利用系数从现状的0.31 提高到 0.65;工业水重复利用率从现状的 57% 提高到 80%;城镇生活管网漏失率将降低到 13%,生活节水器具普及率达到 75%。通过节水型社会建设,提高了水资源利用效率,节水量将达到 4 479.8 万 m³。规划水平年青海湖流域生活污水处理率将达到 80%左右,再利用率占处理量的 10% 左右,通过中水利用,减少了新鲜水取用量。青海湖流域水资源配置方案形成过程中充分考虑了节水、中水利用等措施,严格控制河道外用水量增长,利于水资源的有效保护,从环境保护角度来看是合理的。

　　规划水平年青海湖流域水资源配置优先保证基本生态环境用水,结合青海湖敏感保护目标裸鲤的生态习性,在裸鲤洄游繁殖的关键期控制河道外取水量,确保满足河道内生态环境用水量及过程。布哈河口水文站断面河道内需水量为 20 900 万 m³,6～9 月河道内需水量为 19 697 万 m³,适宜的生态流量为 10.2～24.7 m³/s;刚察水文站断面河道内需水量为 5 843 万 m³,6～9 月河道内需水量为 5 777 万 m³,适宜的生态流量为 3.6～6.7 m³/s;哈尔盖河入湖断面河道内需水量为 3 202 万 m³,6～9 月河道内需水量为 3 166 万 m³,适宜的生态流量为 2.0～3.6 m³/s;泉吉河入湖断面河道内需水量为 1 174 万 m³,6～9 月河道内需水量为 1 160 万 m³,适宜的生态流量为 0.7～1.3 m³/s;黑马河水文站断面河道内需水量为 242 万 m³,6～9 月河道内需水量为 239 万 m³,适宜的生态流量为 0.1～0.3 m³/s。由于充分考虑了河道内生态需水,从环境保护角度来看是合理的。

10.5.5.2　总体布局的环境合理性分析

　　本次研究通过节水减少流域内生产需水量,逐步退还被挤占的生态环境用水量;通过开展湿地保护、草地保护、沙漠化土地治理、生态林建设、谷坊和沟头防护工程以及青海湖裸鲤保护等措施,恢复植被,提高产草量,改善下垫面条件,提高水源涵养和维护生物多样性等生态功能;通过实行水资源保护和水生态保护措施,减少污染物入湖量,改善了流域水质,保障了裸鲤的生态需水过程;通过人工补饲能力建设,新增部分草灌面积,结合适当减畜,基本实现草畜平衡,利于草原植被生态保护。研究从多方面减少了人为因素对青海湖流域生态环境的逆向干扰,使河湖水生态系统得到有效保护,为保障流域及相关地区生态安全创造了条件,从环境保护的角度看,总体布局合理可行。

10.5.5.3　水利工程建设方案的环境合理性分析

　　为保障藏区水利发展需求,本次研究在考虑生态保护的前提下,适当考虑了人畜饮水安全、城镇供水安全、灌溉饲草料基地等水利工程建设,水利工程的建设可改善城镇和农牧民生产、生活供水条件,且建设地点均在青海湖国家级自然保护区之外,利于草原植被生态保护,保障藏区和谐稳定,促进了流域经济社会可持续发展。同时,规划的灌溉饲草料基地用水全部为地表水,且单个灌溉工程的面积不大,对区域地下水无显著影响。此外,水利工程建设不涉及环境敏感目标,从环境保护的角度看,建设方案合理可行。

10.6　环境保护对策措施

(1)严格执行建设项目的环境影响评价审批制度。

青海湖流域水资源综合规划的具体建设项目,必须严格按照环境影响评价法和建设项目保护管理的规定,进行建设项目的环境影响评价,进一步论证建设项目的环境可行性,编制相应的环境评价报告,提出项目实施具有可操作性的环境保护措施,将项目实施产生的不利影响减小到最低。对重要和敏感性的环境问题,在环境影响评价中应进行专题评价。

(2)湿地自然保护区保护。

应严格执行水资源配置成果,对主要入湖河流断面进行监控,确保青海湖入湖水量和流量过程。严格执行水资源保护规划,重点对布哈河、沙柳河以及哈尔盖河的入河污染物进行监控,确保青海湖水体水质不受污染。

(3)陆生生态保护。

严格执行草地保护、沙漠化土地治理、生态林建设、谷坊和沟头防护等生态保护工程措施;在流域内加强生态保护宣传工作,提高流域内公民的生态保护意识,减少对生态植被的破坏。

(4)水生生态保护。

制订青海湖裸鲤生态用水应急预案。高度重视裸鲤的繁殖需求,在裸鲤繁殖的4~9月对河湖重要断面的水量和流量过程进行监控,一旦发生不满足水生态用水过程,应根据应急预案,关闭上游部分引水口,保障裸鲤洄游繁殖关键期用水。

(5)水土流失防治。

对于工程施工期可能引发的水土流失,可以采取工程措施、生物措施等措施来减免。工程措施主要为在施工过程先期剥离有机质含量较高的表层土,并妥善保存,后期覆盖等;生物措施主要为采取必要的人工补种、补植、播撒草籽等方法。同时,应加强监控管理,提高治理措施的保存率,防止由于地表裸露而造成局部水土流失的加重。

10.7　评价结论和建议

10.7.1　评价结论

(1)社会环境效益巨大。通过本次研究,青海湖流域饮用水安全得到有效保障,对于促进经济社会可持续发展,构建和谐社会方面意义重大。

(2)生态环境效益明显。通过本次研究,保障了关键期河流水量及过程,可有效改善水生生物和鱼类栖息环境,对于保护青海湖湿地生态系统和保护区内动植物资源,保护生态系统的平衡和和谐,防止土地荒漠化等将起到积极作用,生态环境效益明显。

（3）水环境得到改善。通过本次研究，主要入湖河流的入河污染物得到有效控制，青海湖水环境得到有效维持。

（4）对自然保护区没有不利影响。本研究中的水资源保护规划、水生态保护规划等将对自然保护区的保护带来有利影响。同时，水利工程的施工位于自然保护区外围，对自然保护区没有不利影响。

（5）对环境不利影响有限。本次研究仅水利工程施工时可能会对环境带来微小的不利影响，但这些影响都是短暂的、有限的，并可通过工程措施、生物措施等将不利影响缩减到最小。

（6）环境保护效益利远大于弊。综上所述，方案的实施，对环境的保护效益是主要的，不利影响只是局部的、暂时的，通过合理的规划和科学管理可以减轻。应严格执行本次评价提出的各项减缓或避免环境影响的措施，总体方案可行。

10.7.2　下一步建议

（1）建立和完善生态与环境监测体系。生态与环境保护是一个持续不断的动态保护过程，同时青海湖流域水资源综合规划实施后的影响也是一个不断累积、综合、叠加的过程，其影响历时长、范围广、错综复杂，需要在青海湖流域建立和完善生态与环境监测体系及评估制度，对规划实施后的影响进行不间断的监测、识别、评价，为规划的环境保护对策实施和青海湖流域的生态与环境保护工作提供决策依据。

（2）建立跟踪评价制度，制订跟踪评价计划。规划实施过程中应根据统一的生态与环境监测体系，对具体工程项目的实施进行系统的环境监测与跟踪评价，针对环境质量变化情况及跟踪评价结果，适时提出对规划方案进行优化调整的建议，改进相应的对策措施。

（3）加强施工期间的水土保持工作。规划的水利工程项目可能会存在水土流失隐患。因此，施工期间应做好水土保持工作，按有关要求编制工程水土保持方案及水土保持设计，确保因工程建设造成的水土流失影响得到最大程度的减免。

（4）加强水质保护与管理。严格按照水功能区水质目标进行管理，各功能区控制污染物排放量在水域纳污能力范围之内，实现青海湖流域水环境良性循环。

11 分期实施意见和效果评价

11.1 投资估算

规划工程包括农牧区人畜饮水安全、城镇供水、节水、灌溉、水资源保护、生态保护、水资源监测系统建设、水资源管理等方面。按照优先安排水资源利用和保护的措施,积极实施陆域生态环境保护措施等原则确定近远期规划措施,其中人畜饮水安全、城镇供水、水资源监测系统建设等在近期(2020 年)完成,灌溉饲草料基地建设、节水、水资源保护、生态保护、水资源管理等方面在远期(2030 年)全面完成。青海湖流域水资源综合规划主要工程示意图见附图 12。

按现行国家和部门颁布的有关水利工程投资估算编制办法、费用构成及计算标准,并结合青海湖流域工程建设的实际情况进行投资估算,同时扣除《青海湖流域生态环境保护与综合治理规划》已安排的相关投资。青海湖流域水资源规划总投资为 20.33 亿元,其中农牧区人畜饮水安全 1.27 亿元,城镇供水 0.28 亿元,节水 4.32 亿元,灌溉饲草料基地建设 2.86 亿元,水资源保护 1.32 亿元,生态保护 7.61 亿元,水资源监测系统建设 0.83 亿元,水资源管理 1.85 亿元。各类工程及投资见表 11.1-1。

表 11.1-1 青海湖流域水资源综合规划工程及投资安排表

序号	工程名称	工程规模		总投资	所占比例	分期投资(万元)	
		单位	数量	(万元)	(%)	近期	远期
1	农牧区人畜饮水安全			12 674	6.2	12 674	
(1)	集中式供水工程	处	89	10 388			
(2)	分散式供水工程			2 286			
2	城镇供水			2 760	1.4	2 760	
(1)	改扩建	处	1	2 200			
(2)	新建	处	1	560			
3	节水			43 175	21.2	30 356	12 819
4	灌溉饲草料基地建设			28 632	14.1	22 272	6 360
5	水资源保护			13 180	6.5	7 670	5 510
6	生态保护			76 109	37.4	60 887	15 222
7	水资源监测系统建设			8 298	4.1	8 298	
8	管理			18 483	9.1	14 492	3 991
9	合计			203 311	100.0	159 409	43 902

11.1.1　农牧区人畜饮水安全

青海湖流域水资源综合规划采用集中式供水工程、分散式供水工程等共解决农牧区 5.78 万人的饮水安全问题,总投资 1.27 亿元。其中集中式供水工程投资 1.04 亿元,分散式供水工程投资 0.23 亿元,均在近期水平年以前建成生效。

11.1.2　城镇供水

规划期内青海湖流域城镇供水量需增加 142.9 万 m^3,总投资 0.28 亿元,均在近期建成生效。

11.1.3　节水

综合农业灌溉、工业和城镇生活三个行业节水措施,青海湖流域到 2020 年和 2030 年累计总节水量分别为 3 193.1 万 m^3 和 4 479.8 万 m^3。根据规划的节水措施估算,预计 2010 ~ 2020 年节水总投资为 3.04 亿元,2021 ~ 2030 年节水总投资为 1.28 亿元,到 2030 年累计节水总投资 4.32 亿元,规划水平年综合单方水节水投资分别为 9.5 元和 9.6 元。

11.1.4　灌溉饲草料基地建设

规划期内青海湖流域新增草场灌溉面积 23.86 万亩,累计总投资 2.87 亿元。近期投资 2.23 亿元,远期投资 0.64 亿元。

11.1.5　水资源保护

青海湖流域水资源保护规划投资 1.32 亿元。2010 ~ 2020 年投资 7 670 万元,其中县城污水处理厂和乡镇小型污水处理站投资 3 480 万元,配套管网建设投资 4 000 万元,监测投资 190 万元;2021 ~ 2030 年投资 5 510 万元,其中县城污水处理厂和乡镇小型污水处理站投资 1 960 万元,配套管网投资 3 360 万元,监测投资 190 万元。

11.1.6　生态保护

本次规划生态保护工程投资 7.61 亿元,主要用于草场封育和补播。近期投资 6.09 亿元,远期投资 1.52 亿元。

11.1.7　监测系统建设

规划期内水资源监测系统建设工程投资 0.83 亿元,其中建安工程 0.26 亿元,仪器设备 0.28 亿元,独立费 0.07 亿元,征地费用 0.14 亿元,基本预备费 0.08 亿元。水资源监测系统在近期建成生效。

11.1.8　水资源管理

水资源管理规划总投资 1.85 亿元。近期投资 1.45 亿元,远期投资 0.40 亿元。

11.2　近期实施安排

11.2.1　城乡饮水安全

近期加快完成青海湖流域城乡饮水安全保障体系建设,解决农牧区饮水不安全人口5.78万人,其中集中式供水工程89处,受益人口4.74万人;分散式供水工程受益人口1.04万人。同时尽快解决县城饮用水水源地安全保障问题,加快完成天峻县新源镇和刚察县沙柳河镇的供水工程改扩建,保障小康社会对饮用水安全的要求。

11.2.2　节约用水工程

农业节水:近期重点安排现有灌区续建配套及节水改造。如刚察县哈尔盖镇新塘曲渠灌区、海北州青海湖农场灌区、刚察县黄玉农场灌区、海晏县红河渠灌区等。

工业节水:主要通过合理调整工业布局和结构,限制高耗水项目,淘汰高耗水工艺和高耗水设备,推广先进节水技术和节水工艺,提高工业用水效率,降低单位产值的用水量。

城镇生活节水:重点在供水管网配套改造和普及节水器具方面。

11.2.3　水资源保护工程

近期优先安排污水处理厂及配套设施建设、监测措施建设等。

11.2.4　生态保护工程

加快实施国家已批复的《青海湖流域生态环境保护与综合治理规划》的同时,优先安排遏制生态退化趋势效果显著、增强水源涵养功能作用明显的工程。近期全面实施草场封育和补播工程。

11.2.5　监测系统建设

近期主要完成监测站网布设及设备配置,尽早开展监测工作。

11.2.6　水资源管理

近期主要完善政策法律制度建设、加强水资源管理、提高管理队伍能力建设(包括实行水务一体化管理,加快改善办公环境,提高青海藏区水务职工工资待遇等),以及流域生态补偿机制试点工作等。

11.3　效果评价

青海湖流域水资源综合规划以减缓青海湖水面萎缩、草场湿地退化为出发点,以维持流域水资源—经济社会—生态环境系统协调发展为主线,大力推进节水型社会建设,着力提高水资源利用效率和水资源配置能力,通过合理抑制需求、积极保护生态环境等手段和措施,可保障未来流域生态环境建设和经济社会持续稳定发展对水资源的需求。规划方案实施后,可以在节水型社会建设、缓解流域水资源供需矛盾、基本实现"水、草、畜"平衡、支撑流域经济社会可持续发展等方面产生十分重要的作用,并给流域生态环境和经济社会建设带来巨大的效益。

11.3.1 促进节水型社会建设

青海湖流域水生态环境相对脆弱,国民经济用水多一分,则生态用水少一分。目前该地区基本无节水灌溉,水资源利用方式粗放,浪费现象严重。因此,青海湖流域未来经济发展必须走节水之路。青海湖流域水资源规划按照建设资源节约型和环境友好型社会的要求,提出了节水型社会建设的节水工程措施、水资源可持续利用的管理制度、与水资源特点相适应的产业布局。

农业采取合理调整农作物布局和优化种植业结构、加快灌区配套建设和节水改造、发展田间节水增效工程和推广先进节水技术、因地制宜地发展牧区节水灌溉、推行非充分灌溉等措施,促进高效节水型农牧业发展;工业采取合理调整工业布局和结构、大力发展循环经济与推广先进节水技术和节水工艺、强化企业计划用水和内部用水管理、积极利用非常规水源等措施,走新型工业化道路,提高工业用水效率。

规划方案实施后,灌溉水利用系数由 2010 年的 0.31 提高到 0.65,节灌率达到100%;工业水重复利用率由现状的 57% 提高到 80%,工业万元增加值取水量由现状年的120 m^3 降低到 2030 年的 70 m^3;城镇供水管网综合漏失率降低到 13%,节水器具普及率达到 75%。至 2030 年青海湖流域水资源利用效率和效益显著提高,万元 GDP 用水量由2010 年的 983 m^3 降低到 2030 年的 269 m^3。规划方案实施后,在全流域初步建立节水型社会管理制度体系、与水资源和水环境承载能力相协调的经济结构体系、水资源合理配置和高效利用的工程技术体系与自觉节水的社会行为规范体系,促进节约用水,提高用水效率,节水量达到 4 479.8 万 m^3。

11.3.2 保障城乡饮水安全

通过城镇供水工程建设,可向城镇增加供水 142.9 万 m^3,解决城镇新增综合生活用水需求;通过完成青海湖流域农牧区饮水安全保障体系建设,可基本解决人畜饮用水问题。通过规划方案的实施,可基本满足城乡生活、生产用水需求,为加快青海湖流域城市化进程和社会主义新牧区建设提供水资源保障。

11.3.3 提高流域生态环境的自我恢复能力

规划实施后,有效治理各种退化土地约 0.91 万 km^2,占流域陆地面积的 36%,基本遏制流域内植被盖度减少和土地退化趋势,区域生态环境得到改善,水源涵养能力提高,并为各种野生动植物资源提供良好的栖息环境。工程的实施,将为该地区提供一个良性循环的生态环境条件,有效提高流域生态环境的自我恢复能力。

11.3.4 协调"三生"用水,基本实现"水、草、畜"平衡

以缓解青海湖水量亏损为出发点,按照优先保证城乡生活用水和基本的生态环境用水,保证入湖河流主要断面维持一定下泄水量,严格控制工业、农业和其他行业用水,并适量开采地下水,积极开发利用非常规水源(如污水处理再利用、雨水利用)的原则,提出水资源合理配置方案。据配置成果,随着规划工程进一步实施,到 2030 年,青海湖流域内河道外需水量为 9 688 万 m^3,供水量也可达到 9 688 万 m^3,其中地表供水量为 9 125 万 m^3,地下水开采量 545 万 m^3,其他水源供水 18 万 m^3,流域内水资源供需达到平衡。河道外配置的地表水耗损量基本维持在 0.7 亿 m^3,确保满足河道内生态环境用水量及过程。布哈河口水文站断面多年平均生态环境用水量不少于 21 000 万 m^3,其中 6 ~ 9 月不少于 20 000 万 m^3;刚察水文站断面多年平均生态环境用水量不少于 5 900 万 m^3,其中 6 ~ 9 月不少于 5 800 万 m^3。

此外,通过规划实施,提高了天然草场植被覆盖度和产草量,由于扩大了人工种草和草场灌溉建设力度,使流域内可食干饲草总量达到 12.64 亿 kg,较规划实施前提高 16.3%。另外,通过退牧减畜措施,草地由规划前的严重超载(现状超载率 114.4%),实现了规划实施后的草畜数量基本平衡,从而减小了天然草场的放牧压力,使牧草得以休养生息,提高了天然草场的自我恢复能力。同时通过水资源合理配置和节水工程建设,实现了"水、草、畜"平衡,为牧民增收、致富、奔小康打下了基础,使之初步形成人与自然和谐、畜牧业生产与生态保护相协调的可持续发展模式。

11.3.5 提高水资源管理水平,实现人与自然和谐共处

通过水资源管理规划的实施,可改善青海湖流域各州、县水务部门办公条件和生活条件,专业人才缺乏的状况基本得到缓解,流域内的环境、资源、生态以及经济社会活动等一切涉水事务的统一管理能力将得到加强,流域的经济社会发展与水资源、水环境的承载能力将会逐步适应。通过统一管理、依法管理、科学管理,规范人类各项活动,综合开发、利用和保护水、土、生物等资源,将充分发挥流域水资源的各项功能,最大限度地适应自然经济规律,促使流域水资源综合效益的最大化。

12　建设青海湖—龙羊峡抽水蓄能电站的设想

黄河勘测规划设计有限公司(前身为黄委会勘测规划设计研究院),长期从事黄河治理开发相关规划设计,尤其在黄河水资源综合规划、重要支流综合规划等方面取得了丰硕成果,对黄河水资源存在的问题有颇多见解,提出了众多适宜的解决黄河水资源短缺的重要方案及保障措施。结合青海湖流域水资源利用与保护研究,考虑与黄河治理开发关键问题的协调适应,提出建设青海湖—龙羊峡抽水蓄能电站的设想,并作简要的论述。

12.1　问题分析

12.1.1　青海湖萎缩严重,亟待弥补水量亏缺

青海湖作为我国面积最大的内陆咸水湖,是维系青藏高原北部生态安全的重要水体,具有抗拒西部荒漠化向东侵袭的重要天然屏障作用,是我国首批列入国际湿地名录的重要湿地之一。近 50 年来,青海湖水位快速下降,2005 年后略有回升,1956 年年平均水位 3 196.79 m,2010 年年平均水位 3 193.77 m,1956～2010 年湖水位共下降 3.02 m,平均每年下降 0.06 m,湖面积缩小 274 km²,年均缩小 5.0 km²,储水量减少约 133 亿 m³。伴随着青海湖湖面萎缩,湖水矿化度由 1962 年的 12.5 g/L 上升到 2008 年的 15.6 g/L,一定程度上影响了水生饵料生物和青海湖裸鲤的生长发育,试验研究成果表明,矿化度较高的独立子湖中的青海湖裸鲤个体要小于矿化度较低的大湖。随着湖泊面积萎缩,湖水矿化度上升,鱼类资源的生境受到威胁,鱼鸟共生生态系统循环遭到破坏,将影响周边生态环境并进而影响青藏高原北部生态安全。

因此,有必要采取适当措施维持青海湖良性生态健康,在青海湖流域水资源总量不足的情况下,流域外水量调入也是破解生态环境进一步恶化的选择之一。

12.1.2　黄河治理开发的需求

黄河上游是黄河主来水区,同时黄河上游龙羊峡、刘家峡水库在黄河水量调度中发挥着重要作用。黄河水资源存在时空分布不均、年际差异大、连续枯水段长等特点。近年来,黄河流域经济社会快速发展,尤其是能源重化工产业发展迅速,国家能源安全、粮食安全、生态安全对黄河水资源提出更高的要求。黄河上游大型水库承担着黄河水量调度的重任,若能增加黄河上游的调蓄库容,将进一步发挥蓄丰补枯和多年调节的功能,不仅能够保障黄河流域连续枯水段和特殊枯水年的水量调度,同时能够为宁蒙河段减淤、应急水量调度提供水源保证。

12.1.3　青海省冬季缺电问题严重

黄河上游防凌和发电矛盾突出,由于上游龙羊峡、刘家峡水库的联合防凌调度利用,防凌期河道控泄流量成为人为可控的、可用于缓解河段凌情的主要非工程措施,这就限制了黄河上游水资源综合利用效率的提高及沿黄各省区电网电量结构的优化,对西北电网的安全运行产生了不利影响,也使得黄河上游梯级电站防凌与发电之间的矛盾进一步加剧。

青海省是水能资源理论蕴藏量非常丰富的水电大省,水电装机容量占青海省总装机容量的80%以上。夏季灌溉季节,青海水电大发,电力电量出现富余。而冬季由于黄河上游宁蒙河段防凌任务对河道水量的控制要求,水电出力大幅降低,导致青海出现缺电。且随着近年来青海经济发展对电力需求量的逐年增加,缺电现象更加突出。其中,2007年,青海省外购电量13.28亿kWh,外购电价为223.43元/千kWh;2008年,青海省外购电量12.41亿kWh,外购电价为238.81元/千kWh。同时,缺电及高额电价差已对青海省社会稳定、人民生活水平提高及社会经济可持续发展产生了严重的不利影响。

12.2　建设设想

20年前,黄委会勘测规划设计研究院杨希刚提出"变青海湖为淡水湖泊的初步设想"(《人民黄河》,1994年第10期),主要通过将青海湖水量泄放到龙羊峡水库,减少青海湖水面蒸发,直到青海湖蒸发补给平衡并维持较小湖面,使之淡化为淡水湖泊,同时可为黄河稳定补水约4亿m³/a。笔者在杨希刚"泄水平衡"的基础上换一种角度思考,设想建设青海湖—龙羊峡抽水蓄能电站,丰水期、丰水年抽水到青海湖,枯水期、枯水年泄水到龙羊峡,不仅可解决青海湖持续萎缩问题,又可连通青海湖—黄河水系,既为黄河提供巨大的调蓄库容,又为西北提供强大的电力供应。

笔者多年从事青海湖流域与黄河流域综合规划,积累了部分资料和经验。设想建设青海湖—龙羊峡抽水蓄能电站,水头差约400 m,抽水线路长度约41 km,隧洞长度约20 km,线路上最高海拔3 500 m。青海湖—龙羊峡抽水蓄能工程位置示意图见附图13。通过龙(龙羊峡)刘(刘家峡)青(青海湖)联合运行,提高龙羊峡、刘家峡水库调节能力,缓解黄河水资源供需矛盾,增强黄河上游防洪能力,减轻防凌威胁,进一步提高黄河抗旱能力,远期可加大西线调水量,还能以黄河水济海河、淮河,改变黄河水资源格局。

12.3　青海湖—龙羊峡抽水蓄能电站建设可行性条件

12.3.1　抽水蓄能电站建设发展

世界上第一座抽水蓄能电站于1882年在瑞士的苏黎世建成,但抽水蓄能电站的快速发展阶段却在20世纪60年代。中国抽水蓄能电站建设起步较晚,20世纪60年代后期才开始抽水蓄能电站的开发,分别于1968年和1973年先后在中国华北地区建成岗南和密云两座小型混合式抽水蓄能电站。但在近 40 年中,前 20 多年蓄能电站的发展几乎处于停顿状态,20 世纪 90 年代初才开始有了新的发展。据统计,截至 2013 年底,我国相继建成了广州、十三陵、天荒坪、泰安、西龙池、惠州、仙游等一批具有世界先进水平的抽水蓄能电站,建成抽水蓄能电站装机容量 2 151 万 kW。规划到 2025 年,全国抽水蓄能电站总装机容量达到约 1 亿 kW,占全国电力总装机的比重达到 4% 左右。

12.3.2 抽水蓄能电站的运行功能

抽水蓄能电站利用电网中夜间低谷时的剩余电量,从下水库抽水至上水库中,而在日间电网高峰负荷时,再从上水库放水发电,如此不断循环工作,来满足电力系统负荷侧需求,其原理就是能量转换,如图 12.3-1 所示。

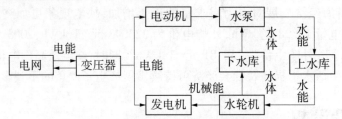

图 12.3-1　抽水蓄能电站能量转换原理

抽水蓄能电站主要有发电和抽水两种运行方式,在两种运行方式之间又有多种从一个工况转到另一工况的运行转换方式。它可将电网负荷低时的多余电能,转变为电网高峰时期的高价值电能,适于调频、调相,稳定电力系统的周波和电压,且宜为事故备用,还可提高系统中火电站和核电站的效率。抽水蓄能电站正常的运行方式具有以下功能:

(1)发电功能:抽水蓄能电站将系统中其他机组的多余电量,通过抽水方式把电能转变为水的势能,储存在上水库中,待到电网电力不足时再放水发电缓解电力供应紧张情况。抽水蓄能电站能够实现电量在空间和时间上的转移,其年发电利用小时数一般在 800 ~ 1 500 h 之间,综合转换效率在 75% ~ 80% 之间。

(2)调峰功能:抽水蓄能电站在负荷低谷时利用系统的剩余电能,将下水库的水抽至上水库储存起来,待高峰时段再放水发电。因此,抽水蓄能电站抽水时相当于系统的用电负荷,可以填平负荷曲线低谷时段,实现"填谷"的作用,使其他机组出力平稳,降低系统煤耗,获得节能减排效果。混合式抽水蓄能电站同时也可以使水电厂的弃水电量得到充分利用。

(3)调频功能:调频功能包括负荷备用和负荷自动跟踪功能。常规水电厂和抽水蓄能电站都有调频功能,但在负荷跟踪速度(爬坡速度)和调频容量变化幅度上,抽水蓄能电站更有优势和效果,其在建设时就考虑了负荷跟踪能力和快速启动功能。

(4)调相功能:调相运行是指发出无功的迟相运行方式和吸收无功的进相运行方式,其主要作用是稳定电网电压。抽水蓄能电站在设计时就考虑调相功能,因此其无论在发电工况还是在抽水工况,都可以进行迟相和进相运行,并且能在两种工况的旋转方向进行,使其灵活性更大。另外,抽水蓄能电站通常靠近负荷中心,有利于实现无功的就地平衡。

(5)事故备用功能:有较大库容的常规水电厂都有事故备用功能。抽水蓄能电站在设计上也考虑有事故备用的库容,但其库容相对于同容量常规水电厂要小,所以其事故备用的持续时间没有常规水电厂长。在事故备用操作后,机组需抽水将水库库容恢复。同时,抽水蓄能机组由于其水能设计的特点,在作旋转备用时所消耗电功率较少,并能在发电和抽水两个旋转方向空转,故其事故备用的反应时间更短,是系统瞬间备用的最佳电源。此外,抽水蓄能机组如果在抽水时遇电网发生重大事故,则可以由抽水工况快速转换为发电工况,即在一两分钟内,停止抽水并以同样容量转为发电。所以有人说,抽水蓄能机组有两倍装机容量的能力来承担系统的事故备用。当然这种功能是在一定条件下才能产生的。

(6)黑启动功能:黑启动是指出现系统解列事故后,要求机组在无电源的情况下迅速启动。常规水电厂一般不具备这种功能。现代抽水蓄能电站在设计时都要求有此运行方式。

12.3.3　抽水蓄能电站建设可行性条件

12.3.3.1　选址条件

影响抽水蓄能电站站址选择的因素很多,主要包括地理位置、水头、地形地质、环境和水库淹没等方面。

1. 地理位置

抽水蓄能电站主要的工作任务为削峰填谷、调频、调相等,因此其一般多分布在负荷中心或电源中心附近。根据对国内近90座抽水蓄能电站相关资料的统计分析,抽水蓄能电站站址距离负荷中心或电源中心67.9%不超过100 km,近93%不超过200 km,超过200 km的不到7%。从调度、潮流和送出工程等方面来考虑,抽水蓄能电站站址距负荷中心或者电源中心一般不宜超过200 km。

2. 距高比

距高比是指蓄能电站上、下水库水平距离与垂直高度的比值,该比值可大致说明抽水蓄能电站引水建筑物的相对长度。我国抽水蓄能电站的距高比集中分布在2~7之间,占总数的70%。一般来说,距高比越小,电站引水系统长度和投资越小,对电站指标较有利,但是距高比值和电站投资之间关系不是很敏感,如果距高比值太小,往往也会对电站布置产生不利影响。

3. 水头

我国抽水蓄能电站利用水头主要集中在300~600 m之间,占总数的62.9%。一般来说,利用水头越高,相同出力所需的流量就越小,所需上、下水库库容就小,从土建工程量来看,水头越高越有利,但对投资影响不明显。但若水头过高,给机组制造带来一定困难。从目前的蓄能机组制造技术来看,单级蓄能机组水头在700 m以下,在制造技术上基本上没有问题。

因此,青海湖—龙羊峡抽水蓄能电站,从地形上看,青海湖水位3 193.3 m,龙羊峡最高水位2 600 m,落差达593.3 m,挖洞条件也较为可靠,青海湖、龙羊峡水库可分别作为现有的上水库及下水库,青海湖作为上水库不需要全库盆防渗,下水库龙羊峡泥沙少,库容大;从地质上看,该区域附近都没有地震带分布。

12.3.3.2　已建水库条件

1. 上水库青海湖

青海湖湖水面积 4 392.8 km², 湖水容积 742.9 亿 m³, 平均水深 16 m, 湖面海拔 3 193.3 m。青海湖矿化度由 1985 年的 12.6 g/L 上升到 2008 年的 15.6 g/L。湖中有重要的生态物种裸鲤。

2. 下水库龙羊峡

龙羊峡水库位于青海省共和、贵南县交界处的黄河龙羊峡进口处,是黄河上游已规划河段的第一个梯级电站,坝址控制流域面积 13.1 万 km², 占黄河全流域面积的 17.5%。水库的开发任务以发电为主,兼有防洪、灌溉、防凌、养殖、旅游等综合效益。多年平均流量 650 m³/s,年径流量 205 亿 m³。水库正常蓄水位 2 600 m,相应库容 247 亿 m³,在校核洪水位 2 607 m 时总库容为 274 亿 m³。正常死水位 2 560 m,极限死水位 2 530 m,防洪限制水位 2 594 m,防洪库容 45.0 亿 m³,调节库容 193.6 亿 m³,属多年调节水库。电站总装机 128 万 kW。

3. 联合调度水库刘家峡

刘家峡水利枢纽位于甘肃省永靖县境内的黄河干流上,下距兰州市 100 km,控制流域面积 18.2 万 km², 占黄河全流域面积的 1/4,是一座以发电为主,兼顾防洪、防凌、灌溉、养殖、旅游等综合效益的大型水利水电枢纽工程。水库设计正常蓄水位和设计洪水位均为 1 735 m,相应库容 57 亿 m³;死水位 1 694 m,防洪标准按千年一遇洪水设计,可能最大洪水校核。校核洪水位 1 738 m,相应库容 64 亿 m³;设计汛限水位 1 726 m,防洪库容 14.7 亿 m³;兴利库容 41.5 亿 m³,为不完全年调节水库。电站总装机 135 万 kW,最大发电流量 1 550 m³/s。当前,龙刘水库联合调度,能够对黄河上游防洪防凌、全河水量调度起到重要作用,同时以龙刘为龙头的上游梯级电站群对西北电网、西电东输作用重大,建设青海湖—龙羊峡抽水蓄能电站,将是对龙刘梯级水库的重要补充。

综上所述,已建水库为建设青海湖—龙羊峡抽水蓄能电站提供了有利条件,符合抽水蓄能电站建设条件。

12.3.3.3　抽水蓄能电站建设需求可行性

随着我国社会经济结构的调整和人民生活水平的提高,用电侧对电网的要求越来越高;随着大容量火电机组和核电机组的投产,太阳能和风电等间歇性可再生能源的高速发展与大规模并网,电源侧的不确定性和随机性对电网的冲击会越来越大;随着跨区域大规模长距离高等级电力输送规划的逐步实施,电网的安全保障问题会越来越突出;智能电网建设的目标又要求电网具有高度的安全性、灵活性、适应性和经济性。抽水蓄能电站的特性注定其将成为解决上述问题的有效手段之一,电网中配置合适比例的抽水蓄能电站是非常必要的。

青海电网水电资源丰富,水、火电比例为 4:1,依据青海电网 2008~2012 年发展规划及 2030 年远景展望规划,2012~2030 年,青海电网水、火电比例基本稳定在 3.9:1~5.3:1。从电源构成来看,水电比重过大,给青海电网的电力电量平衡和电网的安全经济运行,都带来了一定影响。由于水电的季节性特征,遇枯水年份和枯水季节,电源结构性矛盾非常突出,不但存在电量缺口,而且调节性能不足。青海省风能资源丰富,但风能资源的随机性和不均匀性决定了其较难利用,再生能源白白浪费。为综合解决电量缺口、季节性调节能力不足和风能浪费问题,可考虑采用抽水蓄能与风电补偿调节。抽水蓄能的调峰填谷作用和快速启停特性,在保障系统安全与提高供电质量的同时,可有效降低系统旋转备用容量和吸收低谷负荷而达到降低系统能耗的作用,有效提高系统运行水平与环保性能。抽水蓄能与风电互补运行是构建绿色电力体系的有效手段之一。

作为特殊形式的水电站,抽水蓄能电站不改变河水流向,不改变流域生态环境,基本不破坏地面自然景观,除坝和水库外,所有设施都尽可能设置在地下。这在环境保护日益重要的今天,减轻工程对环境的不利影响,已然成为工程建设的侧重方面之一。抽水蓄能电站还能结合旅游景观需求建设,使工程建设和环境建设同步完成,完建工程的同时,开发出一个旅游景点。

12.3.3.4　抽水蓄能电站建设技术可行性

我国抽水蓄能电站建设虽然起步较晚,但以往大规模常规水电建设积累了一定的经验,而近十几年来又引进了国外的先进技术和管理经验,使我国抽水蓄能电站有了较高起点。近30年来抽水蓄能电站的建设实践表明,我国在蓄能电站的设计、施工和运行管理等方面积累了丰富的经验,很多技术在世界上也是领先的,这为大规模开展抽水蓄能电站建设奠定了坚实的基础。

经过几十年的工程实践,我国既有在 $-40°$ 的寒冷地区建成的工程,也有在高温地区建成的工程;既有在水量充沛地区建成的工程,也有在缺水地区建成的工程;利用水头段从100多米到700 m。这些成功的经验为建设青海湖—龙羊峡抽水蓄能电站奠定了坚实的基础。

12.4　青海湖—龙羊峡抽水蓄能电站的作用与影响

12.4.1　青海湖—龙羊峡抽水蓄能电站的作用效果

12.4.1.1　淡化青海湖,促进生态环境良性维持

青海湖咸化造就了独特的淡咸水生境和生态系统,但近50年的持续水位下降和咸化对生态系统的破坏明显,有必要通过可行的输水方式、可控的水量过程淡化青海湖,使青海湖成为一湖活水,减轻盐化危害,促进裸鲤生长和恢复,改善青海湖流域生态环境。

12.4.1.2　进一步提高黄河上游防洪能力

黄河上游洪水 15 d 洪量分别是百年一遇约 55 亿 m^3、五百年一遇约 60 亿 m^3、千年一遇约 71 亿 m^3、万年一遇约 87 亿 m^3,建设青海湖—龙羊峡抽水蓄能电站,在汛前或汛期龙羊峡水位较高时抽水到青海湖,腾出更多库容,上游防洪能力将进一步提高。

12.4.1.3　减缓宁蒙河段防凌威胁

黄河上游防凌问题集中于防凌期发电与萎缩的冰下过流能力,若青海湖抽水蓄能补偿足够的防凌期出力,刘家峡承担的出力可减少到很小,可腾空的防凌库容更大,通过严格控制刘家峡凌期下泄减少槽蓄水量增量,从而有效减缓凌汛威胁。

12.4.1.4 蓄丰补枯,缓解黄河水资源供需矛盾

通过龙刘青联合调度,可增加调节库容,蓄丰补枯。根据抽水规模,在特殊枯水情景下,可泄放青海湖水量补充黄河水量不足,尤其是当青海湖淡化后调节库容将更大。理论上,按照当前水位,库容约 700 多亿 m^3,若最高可恢复到 1956 年水位(3 196.77 m),可再增加 160 亿 m^3 库容,总库容可以达到 860 亿 m^3。若遇黄河特殊枯水情况,青海湖允许水位在当前水位降 2 m,则补水量可达到 80 亿~240 亿 m^3(按照湖区面积 4 000 km^2,每米水量 40 亿 m^3 计算,最高增加 4 m,最低比当前降低 2 m),可以认为青海湖补水量可达 100 亿 m^3 以上。若按照连续枯水 5 年,青海湖可每年增加黄河水量至少 20 亿 m^3,相对于龙羊峡 194 亿 m^3 的调节库容,青海湖 5 年补水量相当于半个龙羊峡。黄河上游的调蓄能力将从一个龙羊峡变成一个半龙羊峡,进一步提高蓄丰补枯能力,大大提高对黄河水资源的调节能力,缓解黄河水资源供需矛盾。

12.4.1.5 减轻宁蒙河段减淤压力

宁蒙河段减淤的压力来源于防洪防凌形势的严峻化,青海湖抽水蓄能改变上游防洪、防凌的水量条件,再通过优化龙刘青运行方式,可以有效减轻防洪防凌对宁蒙河段的压力。适当时机下,可泄放大流量冲刷宁蒙河道,青海湖还可以补充水量,使冲刷时间更长。

12.4.1.6 支撑南水北调西线工程抽水运行

通过青海湖—龙羊峡抽水蓄能电站建设,盘活上游水电调度,弃水更少,同时可以给西北电网的风电、太阳能提供调峰电源,将垃圾电转换成优质电,一方面西电东送量更大、效益更好,另一方面可以用这些垃圾电能抽水运行。西北电网的电能将非常丰富,可以支撑南水北调西线抽水运行,困扰西线线路长、自流输水量小的问题可以采用抽水方式解决。抽水具有线路短、限制条件少等特点,且可以在调水河流丰水期抽水,不影响四川电网的运行,还可以从四川电网购买汛期低价电抽水,再卖出枯水期电量。原有自流输水需要在调水河流上游找点,一是水量小,二是调水时间受限制,如果抽水则限制小。若建设青海湖—龙羊峡抽水蓄能电站,则可以为抽水提供较为充足的电量,满足西线调水抽水运行。

12.4.2 青海湖—龙羊峡抽水蓄能电站的影响分析

12.4.2.1 对青海湖矿化度影响分析

根据有关资料统计,1985 年青海湖矿化度约为 12.6 g/L,到 2008 年矿化度上升到 15.6 g/L,已部分影响青海湖裸鲤的生长。结合青海湖、龙羊峡水库的可抽水量,测算在不同抽水能力下的青海湖矿化度,测算结果见表 12.4-1。由表 12.4-1 可知,根据地表水水质不超过微咸水 2 g/L 的要求,年抽水量不宜过大(不超过 25 亿 m^3),过大则影响龙羊峡水质,使之偏咸,按照每年抽水放水 25 亿 m^3 考虑,每年降低青海湖矿化度约 0.5 g/L,约 3 年后可降到 1985 年水平。

表 12.4-1 不同抽水能力下青海湖矿化度分析　　　　(单位:g/L)

项目	原始矿化度	年抽水 10 亿 m^3	年抽水 25 亿 m^3	年抽水 50 亿 m^3	年抽水 100 亿 m^3
青海湖	15.6	15.4	15.1	14.6	13.7
龙羊峡	0.4	1.2	2.3	4.0	7.3

12.4.2.2　对青海湖地区生态环境的影响

青海湖是国家级自然保护区,是青藏高原多种候鸟集中栖息繁殖、越冬的重要场所。目前,湖内各种陆生、水生生物,以及保护区内的候鸟、鱼类等资源已适应当地生态环境。青海湖—龙羊峡抽水蓄能电站运行后,势必将影响青海湖水质,淡化湖水,在一定程度上会影响当前已相互适应的生态环境,对青海湖地区的生态环境造成一定影响。

总体而言,笔者提出的建设青海湖—龙羊峡抽水蓄能电站仅仅是个初步设想,虽然可以连通青海湖与黄河,部分解决青海湖咸化、黄河枯水年缺水、青海冬季缺电等问题,但也存在改变青海湖为淡水湖泊、影响青海湖自然保护区及其生态环境的制约性问题,需要进一步深入研究。

参 考 文 献

［1］李国英. 维持西北内陆河健康生命［M］. 郑州：黄河水利出版社,2008.

［2］黄河流域(片)水资源综合规划编制工作组. 西北诸河水资源及其开发利用调查评价报告［R］. 黄河勘测规划设计有限公司,2008.

［3］青海自然灾害编纂委员会. 青海自然灾害［M］. 西宁：青海人民出版社,2002.

［4］黄河流域(片)水资源综合规划编制工作组. 西北诸河水资源规划需水预测成果［R］. 黄河勘测规划设计有限公司,2008.

［5］钱正英,沈国舫,潘家铮,等. 西北水资源配置生态环境建设和可持续发展战略研究［M］. 北京：科学出版社,2004.

［6］水利部黄河水利委员会. 黄河流域综合规划(2012—2030 年)［M］. 郑州：黄河水利出版社,2013.

［7］杜乃秋,孔昭宸,山发寿. 青海湖 QH85 - 14C 钻孔孢粉分析及其古气候古环境的初步探讨［J］. 植物学报,1989(10).

［8］孔昭宸,杜乃秋,山发寿,等. 青海湖全新世植被演变及气候变迁——QH85 - 14C 孔孢粉数值分析［J］. 海洋地质与第四纪要,1990(3).

［9］冯松,汤懋苍,周陆生. 青海湖近 600 年的水位变化［J］. 湖泊科学,2000(3).

［10］周陆生,杨卫东. 青海湖流域近六百年来的气候变化与湖水位下降原因［J］. 湖泊科学,1992(3).

［11］中国水利水电科学研究院. 青海湖生态环境演变及生态需水研究［R］. 中国水利水电科学研究院,2007.

［12］徐志侠,王浩,董增川,等. 河道与湖泊生态需水理论与实践［M］. 北京：中国水利水电出版社,2005.

［13］杨志峰,刘静玲,孙涛,等. 流域生态需水规律［M］. 北京：科学出版社,2006.

［14］陈敏建,王浩. 中国分区域生态需水研究［J］. 中国水利,2007(9)：31-37.

［15］中国水利水电科学研究院. 生态用水计算关键技术研究［R］. 中国水利水电科学研究院,2003.

［16］南京水利水电科学研究院. 黄河流域生态环境需水研究［R］. 南京水利水电科学研究院,2006.

［17］张顺联. 地下水资源计算与评价［M］. 北京：水利电力出版社,1992.

［18］冯尚友. 水资源持续利用与管理导论［M］. 北京：科学出版社,2000.

［19］王浩,陈敏捷,秦大庸. 西北地区水资源合理配置和承载能力研究［M］. 郑州：黄河水利出版社,2003.

［20］黄河流域(片)水资源综合规划编制工作组. 西北诸河水资源综合规划［R］. 黄河勘测规划设计有限公司,2008.

［21］薛松贵,王益能. 网络方法在流域水资源利用模拟模型研究中的应用［J］. 水科学进展,1995,6(18).

［22］黄永基,马滇珍. 区域水资源供需分析方法［M］. 南京：河海大学出版社,1990.

［23］沈佩君,王博,王有贞,等. 多种水资源的联合优化调度［J］. 水利学报,1994(5).

［24］N 伯拉斯. 水资源科学分配［M］. 北京：水利电力出版社,1984.

［25］常炳炎,薛松贵,张会炎,等. 黄河流域水资源合理分配和优化调度［M］. 郑州：黄河水利出版社,1998.

［26］左其亭,陈曦. 面向可持续发展的水资源规划与管理［M］. 北京：中国水利水电出版社,2003.

［27］姜学民,徐志辉. 生态经济学通论［M］. 北京：中国环境科学出版社,1993.

［28］国家环保局,中国环境科学研究院. 总量控制技术手册［M］. 北京:中国环境科学出版社,1990.

［29］朱党生,王超,程晓冰. 水资源保护规划与技术［M］. 北京:中国水利水利出版社,2001.

［30］杨希刚. 变青海湖为淡水湖泊的初步设想［J］. 人民黄河,1994,10(10):11-15.

［31］晏志勇,翟国寿. 我国抽水蓄能电站发展历程及前景展望［J］. 水力发电,2004(12).

［32］孙薇. 市场条件下抽水蓄能电站效益评价及运营方式研究［D］. 保定:华北电力大学.

附　图

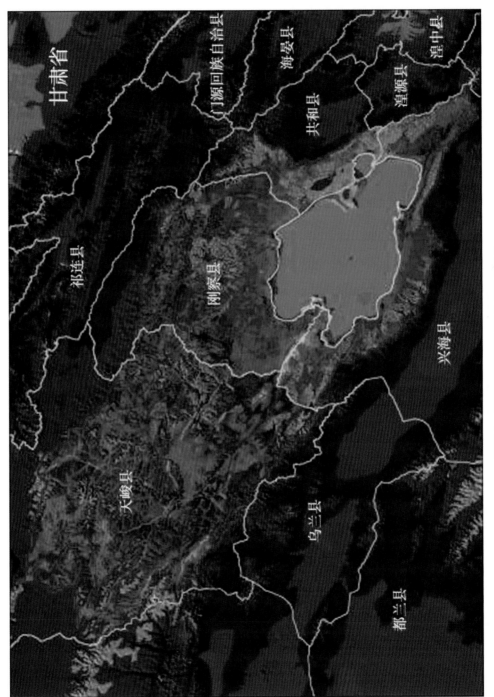

附图1 青海湖流域地理位置示意图

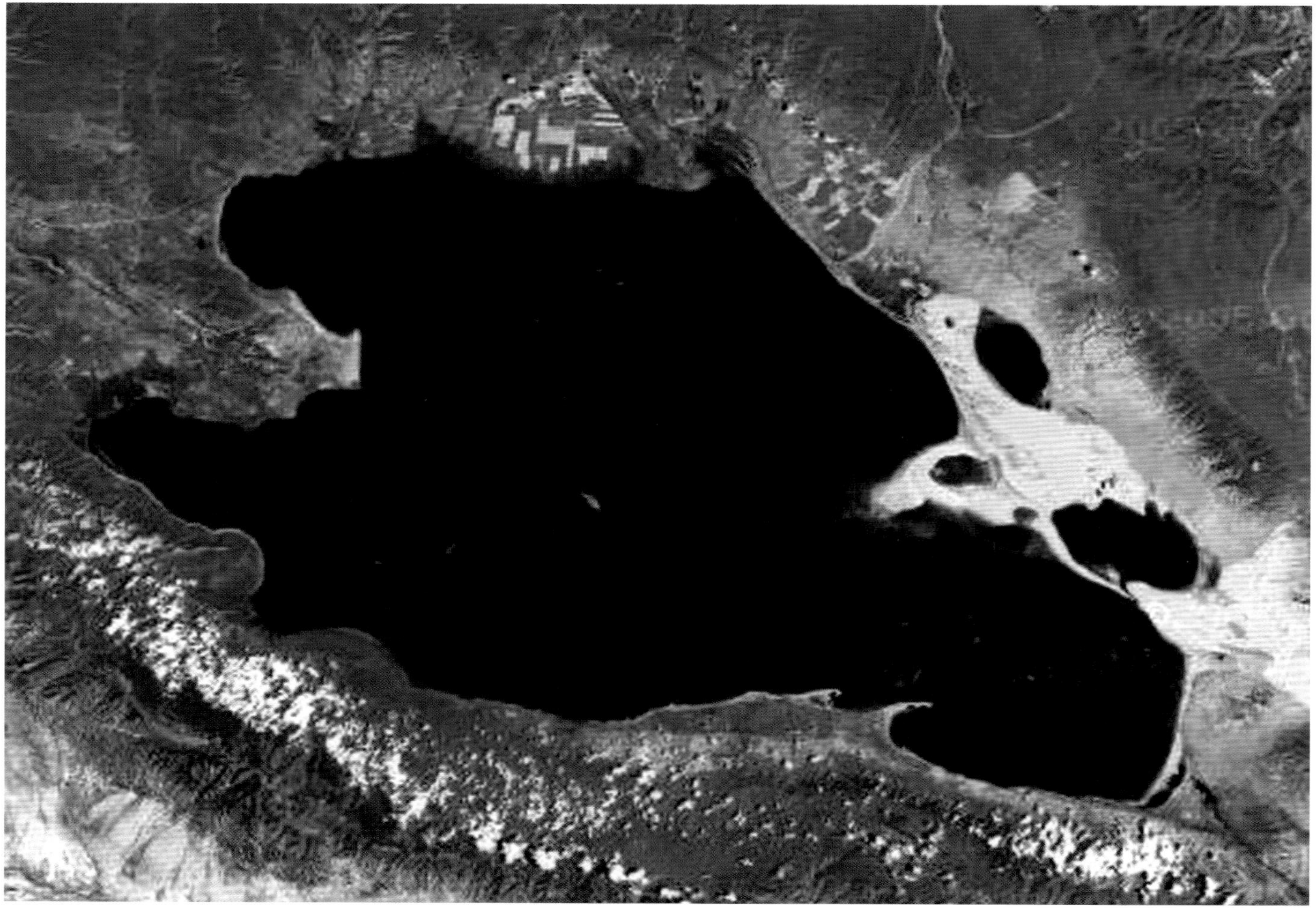

附图2　青海湖卫星图

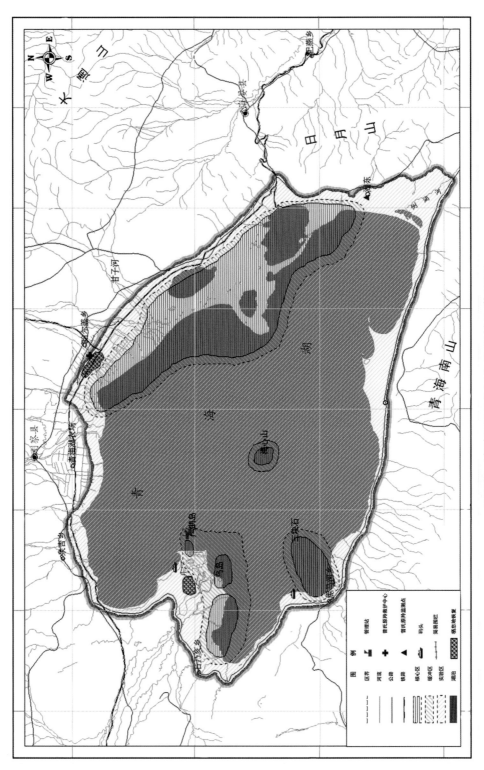

附图3 青海湖国家级自然保护区范围图

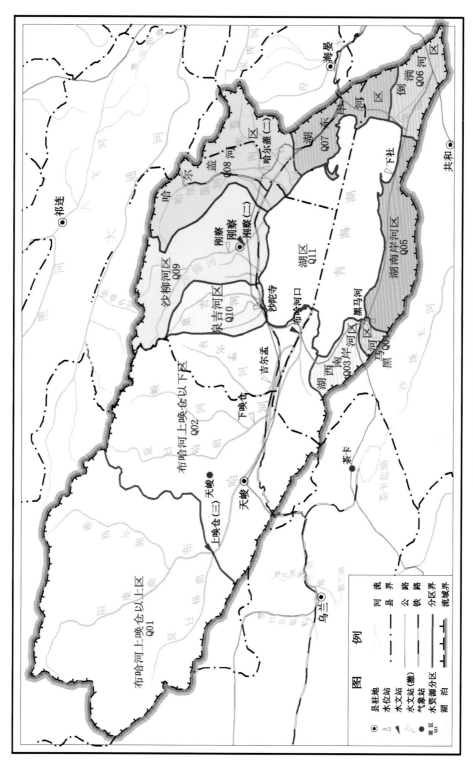

附图4 青海湖流域水资源分区图

图 例

县驻地
水位站
水文站(微)
气象站
湖泊

河 流
县 界
公 路
铁 路
水资源分区
流域界

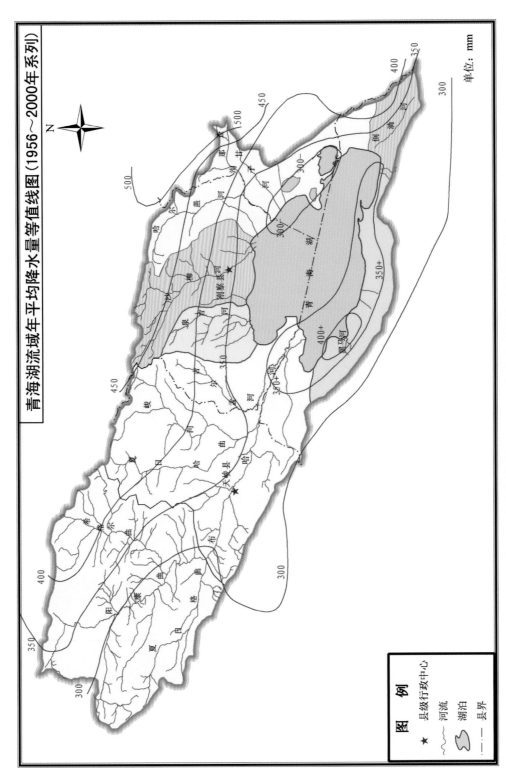

青海湖流域年平均降水量等值线图（1956～2000年系列）

单位：mm

N

图　例

★　县级行政中心
～～　河流
◎　湖泊
----　县界

附图5　青海湖流域1956~2000年多年平均降水量等值线图

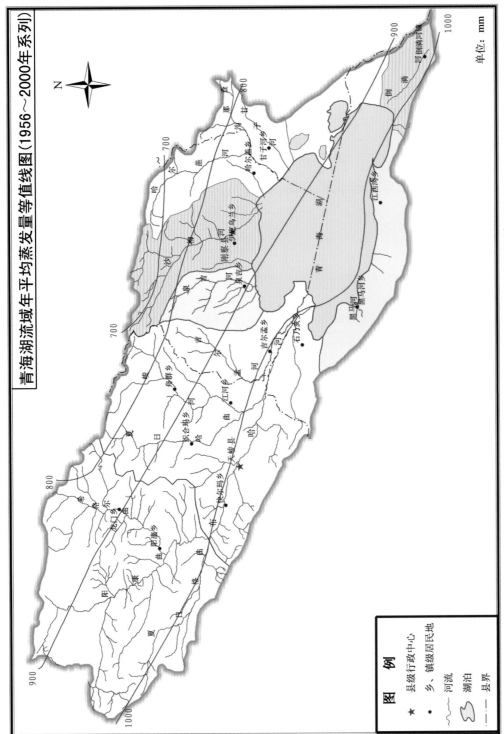

青海湖流域年平均蒸发量等值线图(1956～2000年系列)

N

单位：mm

图　例

★　县级行政中心
•　乡、镇级居民地
〰　河流
〰　湖泊
— —　县界

附图6　青海湖流域1956~2000年多年平均水面蒸发量等值线图

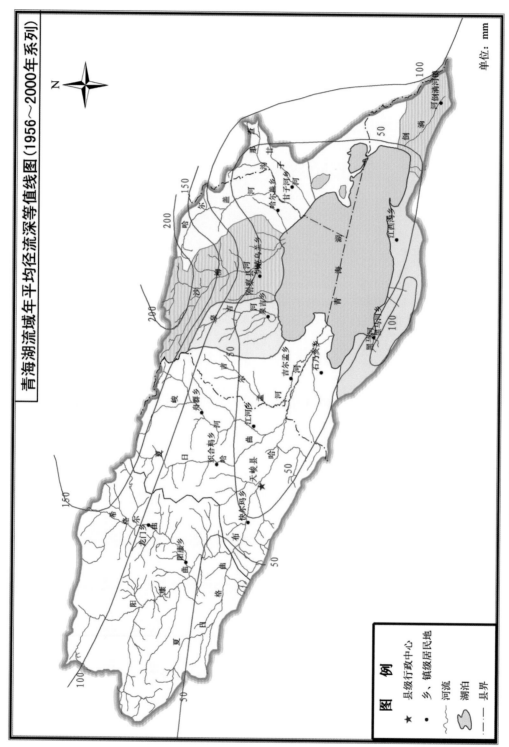

青海湖流域年平均径流深等值线图（1956～2000年系列）

单位：mm

N

图 例

★ 县级行政中心
• 乡、镇级居民地
〜〜 河流
湖泊
— — 县界

附图7 青海湖流域1956～2000年径流深等值线图

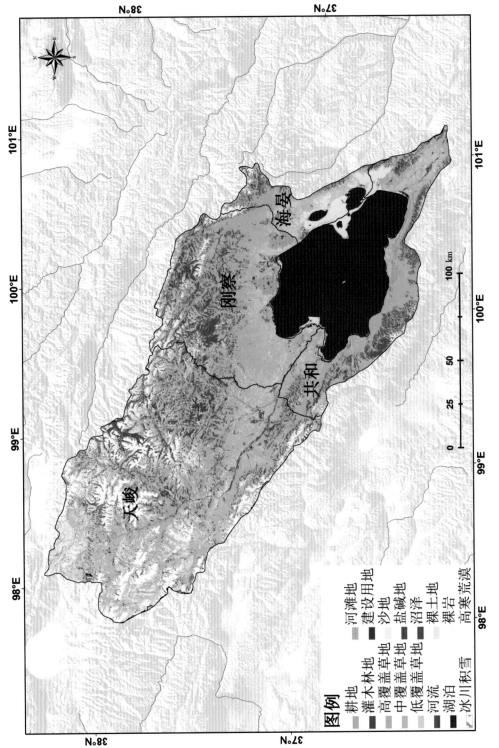

图例

耕地
灌木林地
高覆盖度草地
中覆盖度草地
低覆盖度草地
河流
湖泊
冰川积雪

河滩地
建设用地
沙地
盐碱地
沼泽
裸土地
裸岩
高寒荒漠

附图8　青海湖流域土地利用现状图

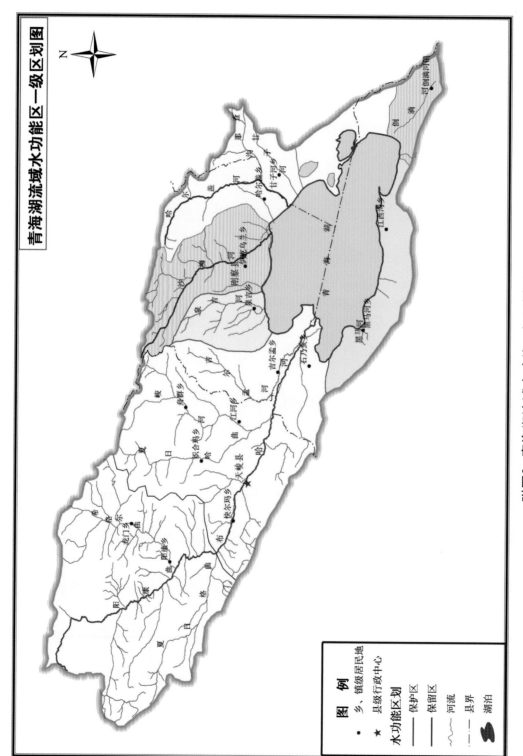

青海湖流域水功能区一级区划图

图 例
· 乡、镇级居民地
★ 县级行政中心
水功能区划
——— 保护区
——— 保留区
～～～ 河流
—·— 县界
～ 湖泊

附图9 青海湖流域水功能一级区划图

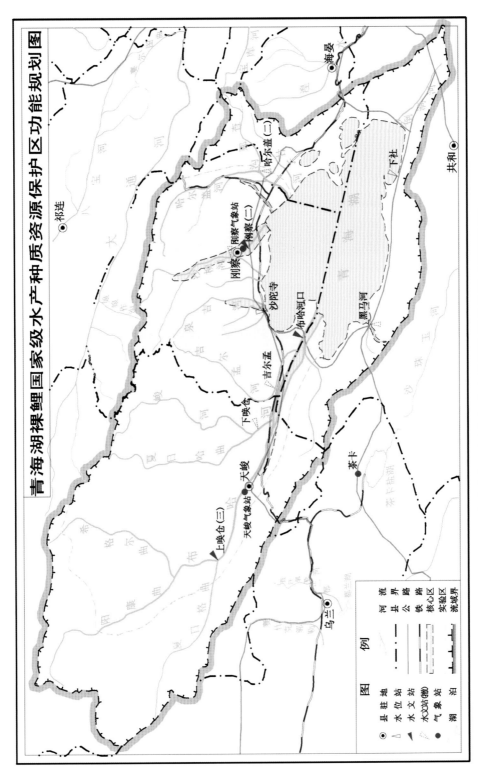

青海湖裸鲤国家级水产种质资源保护区功能规划图

图例

◎	县驻地
△	水位站
▲	水文站
⊛	水文站(测)
●	气象站
	湖泊

—·—	河流
—··—	县界
——	公路
———	铁路
▭	核心区
▭	实验区
┼┼┼	流域界

附图10 青海湖裸鲤国家级水产种质资源保护区功能区划图

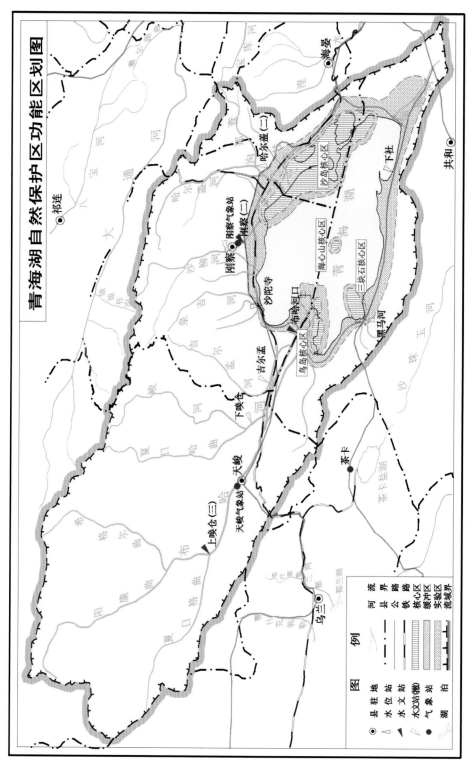

青海湖自然保护区功能区划图

图 例
县 驻 地 ⊙
水 位 站 △
水文站(辅) ▲
气 象 站 ●
湖 泊

河 流
县 界
公 路
铁 路
核心区
缓冲区
实验区
流域界

附图11 青海湖自然保护区功能区划图

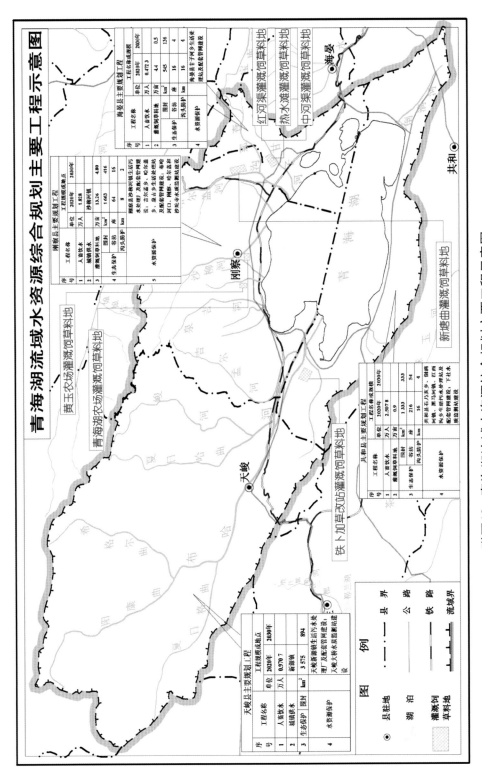

附图12 青海湖流域水资源综合规划主要工程示意图

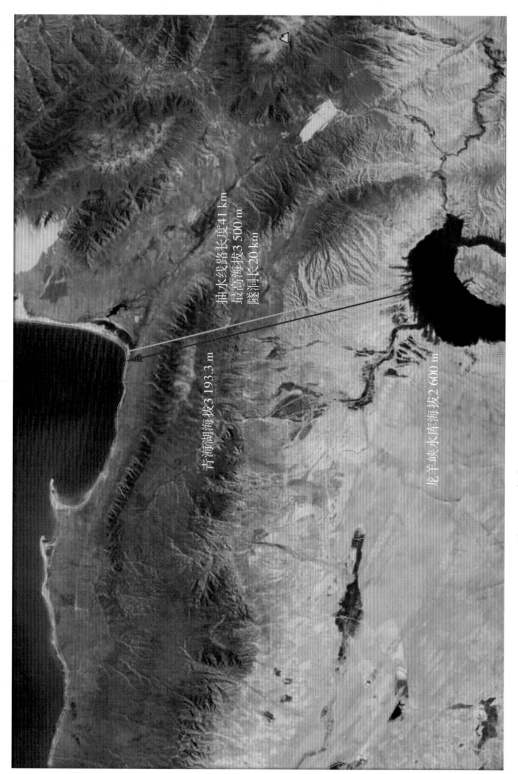

抽水线路长度41 km
最高海拔3 500 m
隧洞长20 km

青海湖海拔3 193.3 m

龙羊峡水库海拔2 600 m

附图13　青海湖—龙羊峡抽水蓄能工程位置示意图